数据分析与大数据实践实验指导

主　编◎陈志云

副主编◎白　玥

华东师范大学出版社
上海

图书在版编目（CIP）数据

数据分析与大数据实践实验指导／陈志云主编. —
上海：华东师范大学出版社，2020
ISBN 978 - 7 - 5760 - 0272 - 0

Ⅰ.①数… Ⅱ.①陈… Ⅲ.①数据处理－高等学校－
教材 Ⅳ.①TP274

中国版本图书馆 CIP 数据核字（2020）第 053198 号

数据分析与大数据实践实验指导

主　　编　陈志云
责任编辑　蒋梦婷
特约审读　曾振柄
责任校对　刘　瑾
装帧设计　庄玉侠

出版发行　华东师范大学出版社
社　　址　上海市中山北路 3663 号　邮编 200062
网　　址　www.ecnupress.com.cn
电　　话　021 - 60821666　行政传真 021 - 62572105
客服电话　021 - 62865537　门市（邮购）电话 021 - 62869887
地　　址　上海市中山北路 3663 号华东师范大学校内先锋路口
网　　店　http://hdsdcbs.tmall.com/

印 刷 者　上海龙腾印务有限公司
开　　本　787 毫米×1092 毫米　1/16
印　　张　11.75
字　　数　275 千字
版　　次　2020 年 6 月第 1 版
印　　次　2023 年 8 月第 5 次
书　　号　ISBN 978 - 7 - 5760 - 0272 - 0
定　　价　32.00 元

出 版 人　王　焰

（如发现本版图书有印订质量问题，请寄回本社客服中心调换或电话 021 - 62865537 联系）

编 者 的 话

　　大数据、人工智能、云计算、物联网等新一代信息技术的发展,已经给世界经济、政治和社会形势带来深刻影响。党的二十大报告提出,必须坚持"创新是第一动力","坚持创新在我国现代化建设全局中的核心地位"。把握发展的时与势,有效应对前进道路上的重大挑战,提高发展的安全性,都需要把发展基点放在创新上。只有坚持创新是第一动力,才能推动我国实现高质量发展,塑造我国国际合作和竞争新优势。把创新摆在国家发展全局的核心位置,为人工智能如何赋能新时代指明了方向,也推动了实施国家大数据战略。高等学校是为国家储备战略人才的最重要基地,与大数据、人工智能领域最密切相关的大学计算机基础教育不仅仅关系到学生个人能力提升的问题,更是影响国家发展战略和安全的大事。

　　新文科,是相对于传统文科进行学科重组、文理交叉,即把新技术融入哲学、文学、语言等诸如此类的课程中,为学生提供综合性的跨学科学习。教育部高等教育司提出,高等教育创新发展势在必行,要全面推进新文科,推出"六卓越一拔尖"计划2.0版,为2035年建成教育强国、实现中国教育现代化提供有力支撑。

　　人工智能时代的核心生产力是数据,各行各业都需要从数据的采集、分析、推理、预测和洞察中获益。国际数据公司IDC曾预测,2020年世界生成的数据量将是2011年的50倍,生成的信息源数量将是2011年的75倍,而2025年人类的大数据量将达到163 ZB,这些数据蕴含着推动人类进步的巨大发展机遇。要把机遇变成现实,需要我们的计算机基础教育为之培养大量的、具备数据思维能力和数据素养的人才。

　　图灵奖得主,关系型数据库鼻祖詹姆士·格雷(James Gray)提出,大数据不仅仅是一种工具和技术,更是科学研究的第四范式。大数据是科学研究的新方法论。学习大数据是一种先进思维方式的锻炼和熏陶,是大数据时代的"博雅"教育。

　　本书与《数据分析与大数据实践》教材相配合,以实践形式帮助学生理解教材中涉及的相关概念,掌握和巩固数据分析的基本流程和方法,使得非计算机专业的学生在今后的学习与工作中,可以方便地运用所习得的方法分析他们专业领域的各种数据,解决专业领域的问题,真正做到计算机技术与专业的融合。

　　本书实验1至实验4与教材第二章相配合,让学生能体验如何在互联网上爬取数据。

　　实验5至实验7与教材第三章相配合,让学生进行大数据加工基本流程——数据清洗、数据转换、数据脱敏和数据集成的尝试。

实验 8 至实验 14 与第四章相配合,让学生能使用 Excel 和 Tableau 进行数据处理、时间序列分析、回归分析和聚类分析。

实验 15 至实验 17 与教材第五章相配合,使学生能利用 Excel、Power BI 和 Tableau 等进行实际的数据分析和可视化。

实验 18 与教材第六章相配合,让学生可以体验发布数据可视化结果的方案。

实验 19 和实验 20 与教材第七章相配合,学生可以参与数据分析和可视化综合实战案例的实践。

本书适合高等学校文、史、哲、法、教等文科专业,以及金融、统计、管理类商科专业学生,与《数据分析与大数据实践》教材一起作为计算机应用课程的教材使用;也可以供各类社会计算机应用人员由浅入深、逐层递进地掌握数据分析和大数据应用的高级技巧;也可供准备参加数据分析与管理类计算机等级考试人员作为参考书使用。

本书的作者由常年奋战在华东师范大学计算机基础教学第一线的优秀教师和拥有丰富研发经验的工程师组成,他们大多是上海市精品课程主讲教师,拥有多部教材的写作经验,主编、参编的教材多次获得上海市和全国优秀教材奖,指导学生参加上海市和全国计算机应用、设计大赛屡获大奖。Tableau 公司大中华区总裁叶松林也对本项目的实施给予了富有成效的协助。

本书由陈志云任主编,白玥任副主编。实验 1 由陈志云编写,实验 2—4 由余青松编写,实验 5 由胡文心编写,实验 6—7 由蔡建华编写,实验 8 由陈志云、江红、余青松编写,实验 9—11 由陈志云编写,实验 12—14 由王肃编写,实验 15—16 由吴雯编写,实验 17 由曾秋梅编写,实验 18 由俞琨编写,实验 19 和 20 由 Tableau 公司高级顾问潘奕璇编写。华东师范大学数据科学与工程学院教学部朱敏老师审核了书中内容,并对全书的组织、编撰工作提出了宝贵的建议,教学部的郑骏、蒲鹏等老师对本书的起草、编写做了很多指导和技术支持工作,研究生王永、周毓昕、汤维中、全奕诺、林礼俊、詹婉巧、谭泽纯和陈道佳对实验的验证作出了贡献,在此表示衷心的感谢。

本书的配套素材等相关资料可在 have.ecnupress.com.cn 和上海市高等学校计算机基础教学资源平台(http://www.jsjjc.sh.edu.cn)下载。

由于编者水平所限,书中错漏在所难免,还望广大读者批评指正,不吝赐教。

编　者

2020 年 5 月

目　　录

实验 1

HTML 网页基础

实 验 目 的

1. 认识基本的网页结构。
2. 能利用 Dreamweaver 网页编辑工具制作网页。
3. 掌握常用的 HTML 标识的含义。

实 验 内 容

1. 以百度主页为例,观看网页背后的代码,理解 HTML 页面结构、基本代码含义、CSS 的作用及用法。

(1) 在谷歌浏览器中访问百度主页(https://www.baidu.com/),单击窗口右上角的"自定义及控制"按钮打开下拉菜单,找到并执行"更多工具"下面的"开发者工具"命令,如图 1-1 所示。

图 1-1 显示网页代码的"开发者工具"

（2）出现网页代码后，拖曳浏览器窗口中各窗格之间的分隔线，使代码窗口占主要画面，如图 1-2 所示。

图 1-2　百度主页对应的代码

（**说明：**代码窗格分为左右两部分，左边是 HTML 网页文档内容，右边是选中标签的 CSS 格式文档内容）

（3）单击代码窗格中，各行代码前面的小三角，对代码进行展开和折叠，观察 HTML 代码结构。

（4）观察百度主页代码窗格中的 HTML 标签，写出所观察到的成对出现的标签，并利用 W3School（https://www.w3school.com.cn/）查阅所找到的说明，填入表 1-1（表格可以自己在 Word 中创建，根据找到的标签数量确定行数）。

表 1-1　HTML 标签及其含义

HTML 标签	含 义 说 明	用 法 举 例
div		
textarea		
script		

（5）在百度主页 HTML 代码窗格中寻找是否存在教材《数据分析与大数据实践》中介绍的 6 种标签，如果有，观察它们是怎样使用的。

（6）观察百度主页 HTML 代码中，哪些标签使用了属性设置，写出所观察到的属性名称和它们对应的值，并利用 W3School 查阅所找到的说明，填入表 1-2（表格可以自己在 Word 中创建，根据找到的属性数量确定行数）。

表 1-2　HTML 标签属性及其含义

属 性 名 称	属 性 值	属 性 含 义
class		
id		
src		

(7) 观察百度主页代码最右侧的 CSS 格式文档内容,寻找它与 HTML 代码窗口内容的联系。

(8) 观察百度主页代码最右侧的 CSS 格式文档内容,说明该文档中为对应的 HTML 代码定义了哪些 CSS 规范。

(9) 对百度主页代码中的三角进行展开或折叠,体会网页代码的文档结构。

2. 尝试使用网页制作工具(Dreamweaver CC2018)创建站点和制作网页,进一步理解 HTML 标签和 CSS 代码的含义。首先创建 myschool 站点,对应于 school 文件夹,并在站点中创建分别用于放置图片、视频、音频素材的 images、video、audio 等文件夹。

(说明:网页代码属于纯文本文件,但在浏览器窗口中看到的网页则可以是声图文并茂的。通过 HTML 标签及相关属性,可把以独立文件的形式存储在盘上的多媒体文件勾连起来,为了方便移动、复制和发布,在制作网页之前,可以先创建站点,站点对应着一个文件夹,这样便可以将相关文件都集中存放)

可以在资源管理器中将所需要的文件夹建好,并存入相应的素材文件,如图 1-3 所示。然后再创建网站,也可以只创建一个作为网站根文件夹的 school 文件夹,在创建网站之后,用管理站点的方法创建其中的其他文件夹。

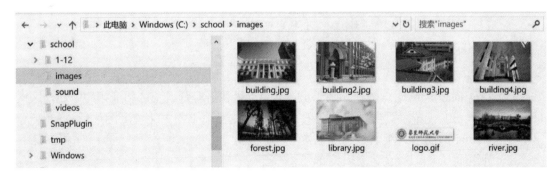

图 1-3　基本网站结构文件夹的建立

(1) 启动 Dreamweaver(本例使用的是 CC2018 版),执行"站点/新建站点"命令,创建 myschoolsite 站点,如图 1-4 所示。

(2) 创建好站点之后,在 Dreamweaver 右侧的面板中,可以看到站点文件夹,其根文件夹对应的硬盘文件夹,以及其下方的各级文件夹。右击文件夹后,出现菜单命令,可用于建立该站点中的文件夹,如图 1-5 所示。

(说明:关闭 Dreamweaver 窗口再次打开时,会默认进入上次创建的站点)

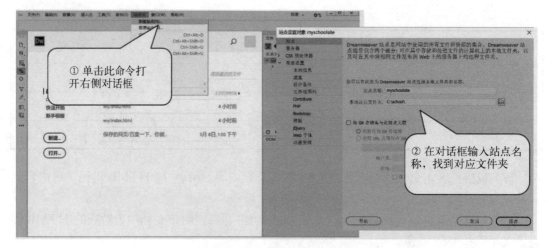

图 1-4　在 Dreamweaver 中创建站点

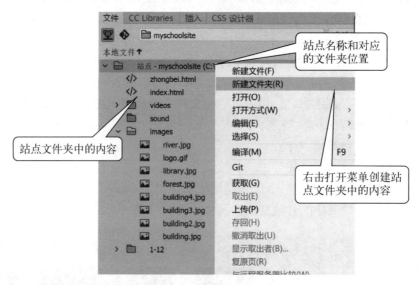

图 1-5　创建后的站点

3. 为 myschoolsite 站点创建如图 1-6 所示的主页和带有背景图片和视频的中北校区网页 zhongbei.html,设置主页带有背景音乐,并使得单击主页上的中北校区图片后,能在新窗口中打开 zhongbei.html 网页。

(1) 为主页 index.html 建立表格布局。

① 在打开站点之后,执行"文件/新建"命令,打开如图 1-7 所示的"新建文档"对话框,创建一个普通的 HTML 网页文件,并将网页标题设置为"学校简介"。

② 执行"文件/另存为"命令后,将网页以 index.html 为文件名保存到网站根文件夹中。这时,Dreamweaver 网页编辑页面如图 1-8 所示。

(说明:图 1-8 所示为拆分界面、实时视图,这时,左上窗格中显示最终在浏览器中会看到的内容,左下窗格中显示 HTML 代码;可以单击实时视图右边的三角,选择设计视图,这时,左上窗口便可以以可视化方式进行编辑,输入文字、插入表格、图片、视频等各种数字媒体元素)

　　　　数据分析与大数据实践实验指导

图 1-6　学校简介主页

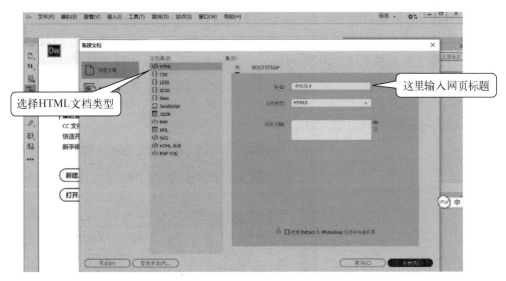

图 1-7　新建一个普通的 HTML 网页文件

新建网页的页面内容是空的,但通过代码窗口,可以看到它还是对应着一些基本的代码:

〈html〉〈/html〉:告诉浏览器这是一个 HTML 文档。

〈head〉〈/head〉:表示这是文档的头部,这里的内容通常作为文档相关说明,不会直接显示在浏览器中,当前这个文件中,头部有两个标签,〈meta charset="utf-8"〉标签和〈title〉〈/title〉。

〈meta charset="utf-8"〉:通过对标签属性 charset 的定义说明了文档的编码是 utf-8标准的。

〈title〉〈/title〉:定义网页标题,将在浏览器标题栏上显示出来。

〈body〉〈/body〉:定义网页上的内容,当前是空的。

图 1-8　Dreamweaver 网页编辑基本界面

HTML 的标签大部分首尾成对出现,可以嵌套表示,首标签中通过放置属性来设置相关具体内容的性质。

③ 将界面切换到设计视图之后,单击左上角窗口,使光标插入点出现在左上角,执行"插入/Table"命令,打开如图 1-9 所示的"Table"对话框,通过设置表格的行列数、宽度、边框粗细、单元格边距和单元格间距等,创建一个宽度为窗口 90%,无边框线,单元格边距和间距都为 0 的 3×4 表格。

④ 插入表格之后,将表格第一行所有单元格选定,右击并执行快捷菜单中的"合并单元格"命令,表格完成合并,此时界面如图 1-10 所示。

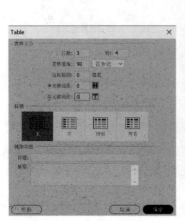

图 1-9　Table 对话框

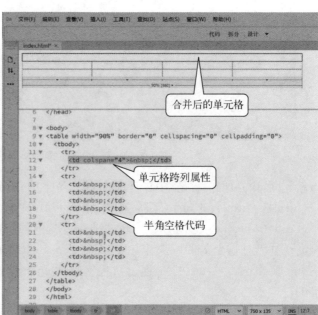

图 1-10　插入表格并合并了单元格

（**说明：**从图 1-10 中可以看到表格相关的标签分别是：

⟨table⟩⟨/table⟩：定义了表格。

⟨tr⟩⟨/tr⟩：定义了行。

⟨td⟩⟨/td⟩：定义了行中的单元格。

⟨tbody⟩⟨/tbody⟩：表格内的分组标记，方便对表格不同区域定义不同的格式，这是 HTML5 中才出现的标签。

首标签中用等号赋值的是属性，这些属性在不同的标签中表达的范围不同，如 width 属性，在⟨table⟩标签中，表示对表格设置宽度，如果在⟨td⟩标签中，则表示对单元格设置宽度。通过修改等号后面的参数，观察网页效果的变化，可以掌握其功能，并积累设置经验。本例中其他相关属性的含义如下：

border：边框线粗细。

cellspacing：单元格间距。

cellpadding：单元格边距。

colspan：跨列数。

rowspan：跨行数。

 ：表示半角空格。

表格在网页中可以是实际显示内容的表格，但更多情况下，可以成为方便网页布局的工具，当作为布局页面使用时，通常将表格边框线宽度设置为 0，以隐藏框线）

⑤ 根据最终网页内容的显示需要，可以通过右击插入、删除行和列，合并选定单元格，拆分单元格，最终使表格显示如图 1-11 所示。

图 1-11　最终的表格

（**说明：**除了表格可以用于布局网页之外，也可以使用 DIV 定位的方法设定对象需要插入网页的位置）

(2) 在主页 index. html 中添加标题、图片等元素，完成主页的制作。

① 将光标定位在表格第 1 行单元格中后，执行"插入/image"命令，将站点中 image 文件夹中的"logo.gif"图片插入，效果及对应 HTML 代码如图 1-12 所示。

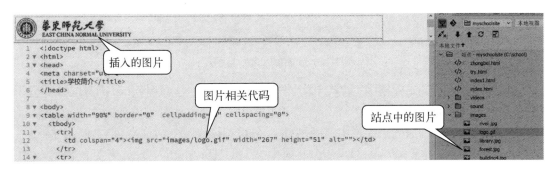

图 1-12　表格中插入了图片

（说明：浏览器根据网页中〈img src＝"image/logo.gif"〉标记，来找到要插入的图片，并显示在浏览器中）

② 分别在第2行的4个单元格中输入"学校简介"、"院系机构"、"学生风采"、"招生就业"，并分别选定文字后执行"插入／标题／标题(2)"命令，利用属性面板设置文字在单元格中居中，完成后显示如图1-13所示的界面和代码。

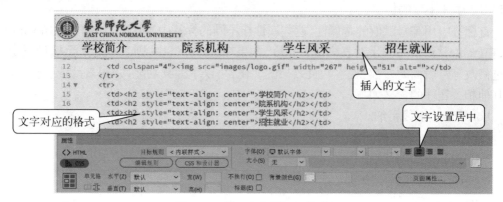

图 1-13　插入文字并设置格式

（说明：文字内容可以设置为"标题1"—"标题6"的不同大小格式，分别对应着〈h1〉—〈h6〉标记。如果需要更改字体、文字大小、文字颜色，则需要创建CSS规则进行定义）

③ 在表格第3行左边单元格中，输入文字"闵行校区"，回车后插入网站"images"文件夹中的"library.jpg"图片，并使用属性面板将图片设置为"400×266"像素；在右边单元格中输入文字"中北校区"，回车后插入网站"images"文件夹中的"building.jpg"图片，大小与左边图片相一致。结果如图1-14所示。

图 1-14　分段插入文字与图片

（说明：第三行的单元格中，文字与图片分两段，代码中可以看到〈img〉标志的外面套了〈p〉〈／p〉，表示独立的段落）

④ 在第4行合并后的单元格中，执行"插入／HTML／水平线"命令，插入一根水平线，并利用属性面板设置其为居中，可以看到代码中出现了"〈hr align＝"center"〉"的内容，与图片标志一样，水平线标志〈hr〉也是独立的标志，没有结束标志。

⑤ 按 Tab 键在表格中插入 1 行,新插入的行也只有 1 个单元格。执行"插入／footer"命令,在最后 1 个单元格中插入 footer 区域(设计视图中看不出变化,只有代码中出现了⟨footer⟩⟨／footer⟩标记)。然后在该区域输入"版权所有"及版权符号,版权符号可以通过执行"插入／HTML／字符／版权"命令插入,插入后按⟨Shift⟩＋⟨Enter⟩组合键换行,在第 2 行输入"联系我们",将两行文字都设置居中,结果如图 1-15 所示。

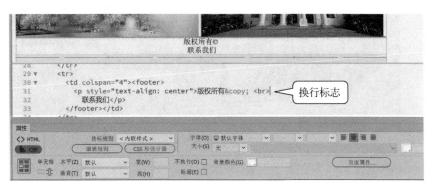

图 1-15 换行不分段插入文字

(说明:按⟨Shift⟩＋⟨Enter⟩组合键换行但没有分段,对应的标记是⟨br⟩,这也是一个独立的标记)

⑥ 将表格设置为在页面上居中,并为页面设置浅灰色(♯CCCCCC)背景。单击表格左上角选定整个表格,在属性面板中设置 align 为居中,如图 1-16 所示;在表格外面单击后,在属性面板中单击"页面属性"按钮,打开如图 1-17 所示的对话框,设置网页背景色。设置后的页面以及代码如图 1-18 所示。

图 1-16 设置整个表格居中

(说明:CSS(Cascading Style Sheets)为层叠样式表,是一种用来表现 HTML 等文件样式的计算机语言。能够对网页中元素位置的排版进行像素级精确控制,支持几乎所有的字体字号样式,使浏览器按某种格式显示网页。使用 CSS 方式定义网页元素格式时,其格式设置代码可以直接或以链接外部 CSS 文件的方式出现在 HTML 文档中)

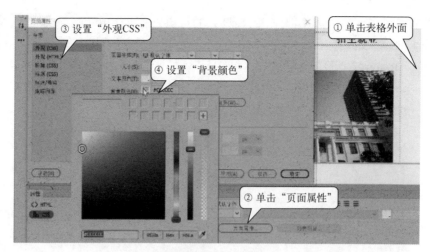

图 1-17　设置整个表格居中

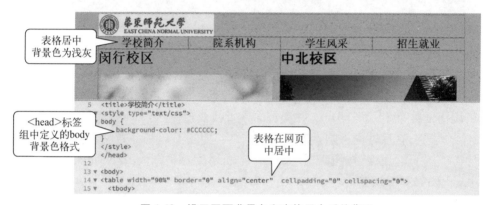

图 1-18　设置网页背景色和表格居中后的代码

⑦ 将网页上的学校 Logo 图片设置背景为透明。选定 Logo 图片后,在属性面板中单击"编辑图像设置"按钮,打开"图像优化"对话框,选定"透明度"复选框,如图 1-19 所示。保存网页后,可以在浏览器中看到图 1-6 所示效果。

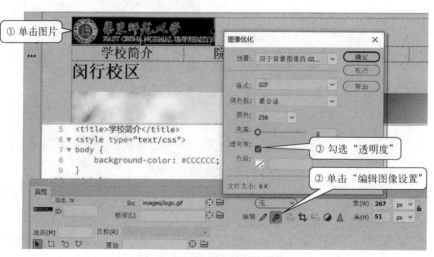

图 1-19　将图片背景设置为透明

（3）制作带有背景图片和视频的中北校区网页 zhongbei. html,浏览效果如图 1-20 所示。

图 1-20　带有视频的网页

① 新建网页后以 zhongbei. html 为文件名保存在站点根文件夹中。然后单击"页面属性",打开如图 1-21 所示的对话框,设置网页标题为"中北校区"。网页标题将出现在代码的〈title〉〈／title〉标识中间。

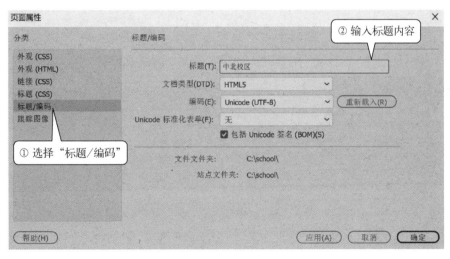

图 1-21　在"页面属性"对话框中设置网页标题

② 建立一个用于放置文本和视频的 DIV 区域,并通过 CSS 设置该区域中的文字字体为微软雅黑,24 px,加粗为 400,normal 字形。光标定位在网页左上角后,执行"插入／DIV"命令,打开"插入 DIV"对话框,如图 1-22 所示,单击其中的"新建 CSS 规则"按钮,打开"新建CSS 规则"对话框,在对话框中输入所新建的 CSS 规则选择器名称". nr"后单击"确定"按钮。

这时打开所设置的对象的 CSS 规则定义对话框,如图 1-23 所示,可以定义该 DIV 区域对象的各种格式。完成 CSS 规则设置后,回到"插入 DIV"对话框中,从 Class 下拉列表中,选择刚才定义的选择器名称"nr",并单击"确定"按钮。

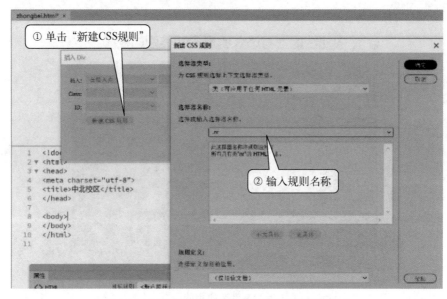

图 1-22 通过建立 CSS 规则为 DIV 区域设置格式

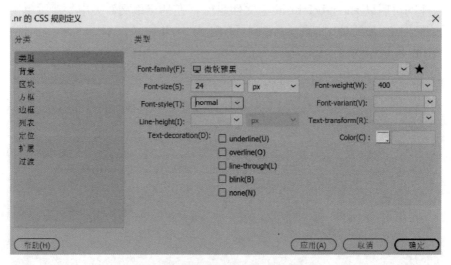

图 1-23 设置 DIV 区域文字的格式

③ 在 DIV 区域中输入文本:"中北校区历史悠久景色优美",并居中,完成后如图 1-24 所示。

④ 在文字下方段落中,插入校园风景视频,该视频是网站"videos"文件夹中的"zb. mp4",将视频设置为 800×450 像素大小,带有控件,若用户的浏览器无法播放视频,应给予"您的浏览器不支持视频播放"的提示。执行"插入／HTML／HTML5Video(V)"命令(如图 1-25 所示),单击所插入的代表视频的对象,使用属性面板设置相关参数后,完成视频插入。图 1-26 所示为对应的属性面板设置,以及插入后对应的代码,为了能在网页本地播放,可以将视频位置设置为相对路径:

图 1-24　在"页面属性"对话框中设置网页标题

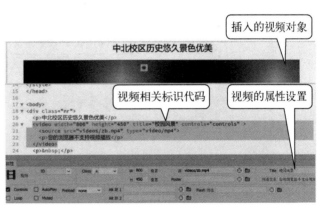

图 1-25　插入视频　　　　　　　　图 1-26　设置视频属性

〈video width＝"800" height＝"450" title＝"校园风景" controls＝"controls"〉

　　〈source src＝"videos /zb.mp4" type＝"video /mp4"〉

　　〈p〉您的浏览器不支持视频播放〈/p〉

〈/video〉

⑤ 保存文件后,在浏览器中打开 zhongshan.html 后,便可以看到如图 1-20 所示的内容,单击视频控制上的按钮,可以播放、停止、控制音量、放大、全屏播放视频。在不同的浏览器中,控件界面会略有不同。

⑥ 单击 DIV 区域之外,然后在属性面板中单击"页面属性"按钮,打开"页面属性"对话框,选择"外观(CSS)",单击"浏览"按钮找到站点中的背景图像 bj.jpg,并将图像路径修改为相对路径,如图 1-27 所示。完成后保存网页,可以看到网页背景和代码的变化,如图 1-28所示。

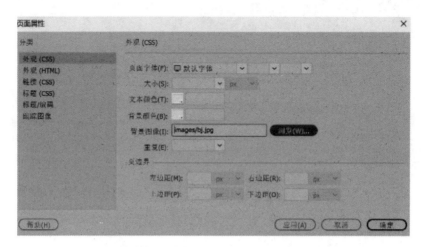

图 1-27　在"页面属性"对话框中设置网页背景图像

图 1-28　设置了背景图片的网页

(4) 在首页上添加自动播放不带控制的背景音乐,并设置链接,使单击中北校区图片后,能在新窗口中打开如图 1-20 所示的 zhongbei.html 网页。

① 在 Dreamweaver 右边的文件面板中双击 index.html 主页文件,打开该文件的编辑窗口。

② 执行"插入/HTML/HTML5Audio(A)"命令,插入音频对象,并在属性面板中选择音频文件和设置相关格式,如图 1-29 所示。

完成后可以在代码窗口中看到如下代码,在浏览器中播放时便能听到背景音乐。

⟨audio autoplay="autoplay" loop="loop"⟩

　　⟨source src="sound/bjmusic.mp3" type="audio/mp3"⟩

　　⟨p⟩您的浏览器不支持音频播放⟨/p⟩

⟨/audio⟩

　数据分析与大数据实践实验指导

图 1-29　设置背景音乐属性

③ 在网页上选定"中北校区"下方的图片,在属性面板的"链接"中输入链接目标文件,在"目标"下拉列表中,选择"_blank",使链接目标的页面能在新窗口中打开显示。如图 1-30 所示。设置后可以看到代码区在图片标记的两边增加了⟨a href＝" zhongbei. html" target＝"_blank"⟩和⟨/a⟩。

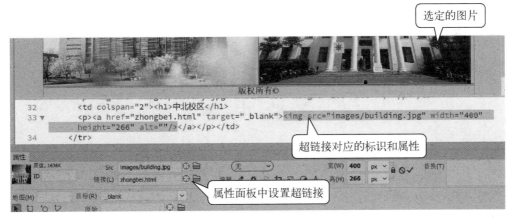

图 1-30　设置超级链接属性

④ 保存网页,并在浏览器中浏览,单击图片,应能打开第二个窗口看到中北校区页面。

(5) 寻找相关资料,制作一个图文并茂,具有合理版面的闵行校区介绍网页 minhang. html,并通过单击主页上的闵行校区图片,可以链接到该页面。

实验 2

Python 程序设计入门

实 验 目 的

掌握 Python 语言的基本知识,编写和运行基本的 Python 程序。

实 验 内 容

1. 使用 Python 解释器进行数学运算,效果如图 2-1 所示。

(1) 在 Windows 中找到安装好的 python,运行后启动 Python 解释器。

(2) 在 Python 解释器的提示符下,输入以下数学公式:

① 11+22+33+44+55,按回车键,Python 解释器解析执行,实现计算器的功能,得到运算结果 165。

② $(1+0.01)^{365}$,注意: 指数运算在 python 中用" * * "表示,括号一定要用半角输入。得到运算结果 37.78343433288728。

③ $(1-0.01)^{365}$,计算结果为 0.025517964452291125。

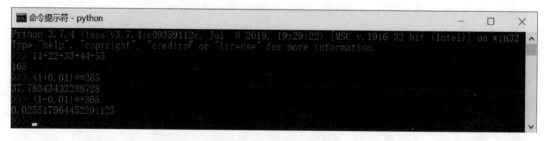

图 2-1 使用 Python 解释器进行数学运算

(**说明:** 在控制台交互式执行 python 代码的过程一般称之为 REPL(Read-Eval-Print-Loop)。它是学习 Python 编程语言的重要组成部分,可以使用它来学习 Python 基本语法,运行试验新的库函数功能)

2. 使用 Python 集成开发环境 IDLE 编写求解 1.01 的 365 次方和 0.99 的 365 次方的程序(updown.py)。

（1）运行 Python 内置集成开发环境 IDLE。

（2）新建源代码文件。执行"File/ New File"菜单命令(或按快捷键〈Ctrl〉+〈N〉)，打开新建 Python 源代码文件的窗口。

（3）输入程序源代码。在 Python 源代码编辑器中，输入程序源代码。如图 2-2 所示。

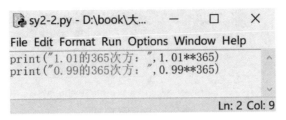

图 2-2   IDLE 源代码编辑器

（4）保存源文件。执行"File/ Save as"菜单命令(或按快捷键〈Ctrl〉+〈S〉)，保存源文件为 sy2-2.py。

（5）运行程序。执行"Run/ Module"命令(或按快捷键〈F5〉)，运行程序，结果如图 2-3 所示。

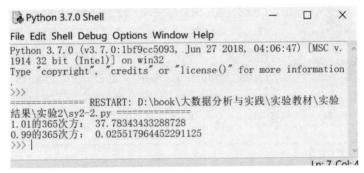

图 2-3   在 IDLE 环境中运行源代码程序

（说明：集成开发环境 IDLE 提供了编写和执行 Python 源文件程序的图形界面，可以提高 Python 程序编写效率。

以上代码中："∗∗"表示次方运算，print()函数中，半角双引号引起来的是需要直接显示的内容，用于显示提示信息，半角逗号后面是运算表达式，最终会显示运算结果)

3. 使用集成环境 Spyder，编写绘制正弦波形的 Python 程序。

（1）启动 Spyder，界面如图 2-4 所示。

（2）创建项目。通过菜单命令 Projects/ New Project，打开"Create new project"对话框，输入项目名称，选择项目位置，单击"Create"创建项目。如图 2-5 所示。

（3）新建模块文件。执行"File/ New File"菜单命令(或按快捷键〈Ctrl〉+〈N〉)新建模块文件 untitled1.py(默认文件名，保存时可以指定文件名)。

（4）使用代码提示(〈Tab〉键)输入和编辑代码。代码内容如图 2-7"Editor"窗口所示。

（说明：Spyder 提供代码提示功能，输入名称的前几个字母后，按〈Tab〉键，可以弹出代码提示框，如图 2-6 所示，可双击需要的代码完成输入)

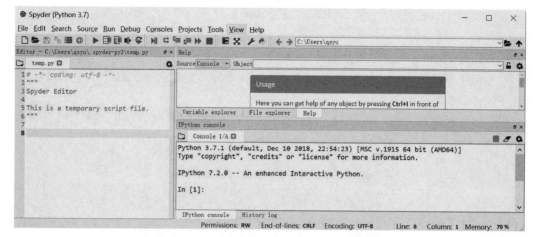

图 2-4　Spyder 窗口

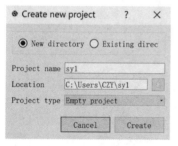

图 2-5　创建 Spyder 项目

（5）运行和调试程序。完成如图 2-7 中所示代码输入后，按快捷键〈Ctrl〉+〈S〉将程序保存为 sy2-3.py。单击绿色三角或按快捷键〈F5〉运行程序，结果如图 2-7 右边所示。如果要调试程序，可定位需调试的代码行，按快捷键〈F12〉或〈Shift〉+〈F12〉设置和取消断点，然后通过〈Ctrl〉+〈F5〉键启动调试运行到设置的第一个断点；在控制台窗口，使用 Python 交互命令，调试程序；通过菜单 Debug 下的命令，可单步运行，或继续运行。

（**说明：**创建项目时，Project name 中所输入的项目名称，实际对应着文件夹，在此项目中创建的程序文件，默认将都保留在该文件夹中。

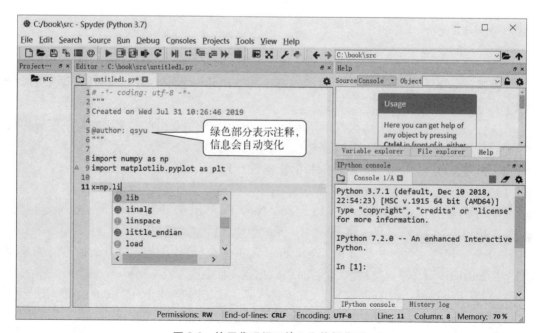

图 2-6　使用代码提示输入和编辑代码

　数据分析与大数据实践实验指导

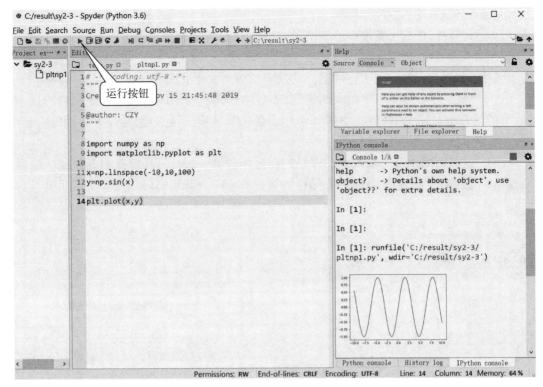

图 2-7　程序运行结果

对于比较长的程序,为了查找可能存在的错误,可以在程序编辑窗口的代码左侧双击设置断点,按快捷键〈Ctrl〉+〈F5〉可以调试运行程序。另外,运行程序结束后,在右侧的 IPython Console 面板中,可以输入代码,进一步在当前程序变量环境中运行代码。

以上代码中,第 11 行表示从−10 到 10,产生 100 个 x 数据,经第 12 行的计算后,得到 x,y 数据,第 14 行表示绘制出所有 x,y 数据对应的点)

4. 在 spyder 环境中编写一个程序,提示用户输入圆的半径,计算并打印圆的面积,保存为 sy2-4. py。参考代码如图 2-8"Editor"窗口所示。

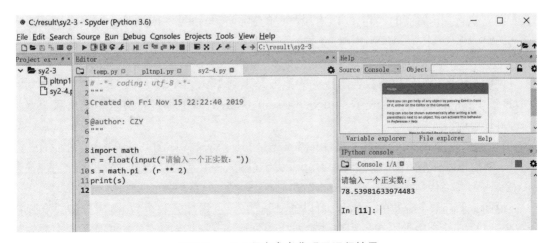

图 2-8　sy2-4 程序参考代码及运行结果

(1) 新建文档,输入程序代码。

(2) 运行程序,在右下窗格中单击使光标在提示文字"请输入一个正实数:"之后闪烁。

(3) 输入正实数,按回车后,观察程序运行结果。

(**说明:**程序代码从上到下逐行运行,这是一个顺序结构的程序。

input()函数用于接收用户输入的信息,参数中半角双引号中的内容是给用户的提示,接收到的信息默认是文本信息,使用 float()函数将其转换成浮点数,通过等号赋值给变量 r,用于后面求面积的数学运算)

5. 编写程序,提示用户输入某门课程的百分制分数 score,将其转换为五级制(优、良、中、及格、不及格)的评定等级 grade,保存为"sy2-5.py"。参考代码如图 2-9"Editor"窗口所示。

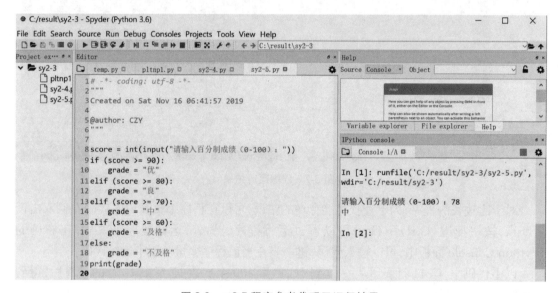

图 2-9　sy2-5 程序参考代码及运行结果

(**说明:**程序中的 int()函数,是将用户输入的文本类型数据转换成整数类型)

If 语句中的条件表达式通常是比较运算或逻辑运算,运算结果为真时,执行其下面的语句,否则就执行 elif 后面的语句,所以本段程序的运行流程如图 2-10 所示。

6. 编写程序,求 1—100 中所有奇数的和以及偶数的和,保存为 sy2-6.py,参考代码如图 2-11"Editor"窗口所示。

(**说明:**range(1,101)函数表示数据的范围是 1 到 100;i％2 表示计算 i 除以 2 得到的余数是多少;sum_odd+=i,表示 sum_odd=sum_odd+i,即把等式右边求和结果赋予变量 sum_odd,实现累加)

由于需要累加 100 次,程序中使用的 for 循环,其运行过程如图 2-12 的流程图所示。

7. 编写程序,提示用户输入若干百分制成绩(输入−1 结束),计算并输出平均值,保存为 sy2-7.py,参考代码如图 2-13"Editor"窗口所示。

(**说明:**求若干个分数的平均分,可以通过累加分数、累加分数个数,再用分数总和除以分数个数总和得到,由于不知道用户会输入几个分数,无法使用 for 语句实现固定次数的循环,因此需要使用 while 语句来实现循环)

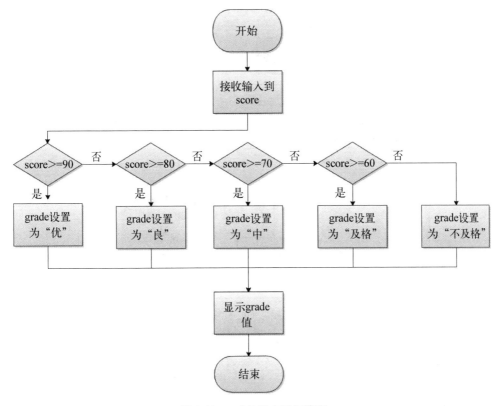

图 2-10 sy2-5 程序运行流程

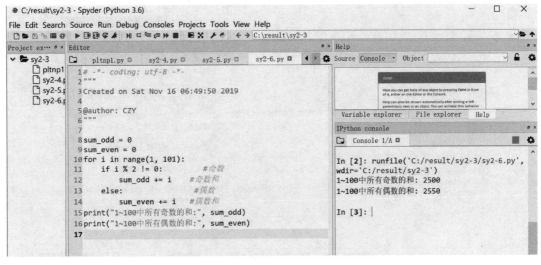

图 2-11 sy2-6 程序参考代码及运行结果

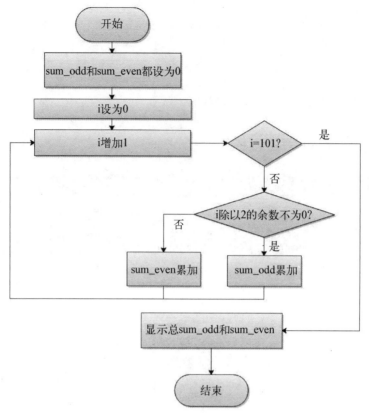

图 2-12　sy2-6 程序运行流程

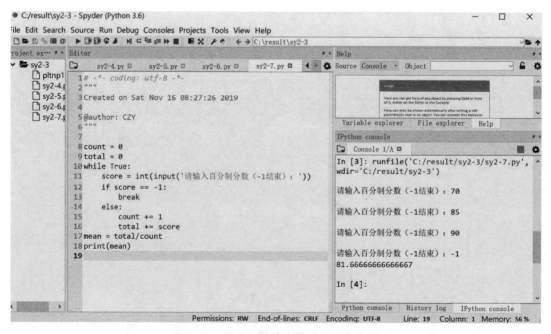

图 2-13　sy2-7 程序参考代码及运行结果

数据分析与大数据实践实验指导

True 是逻辑常数;if 语句中的 break 表示直接跳出循环,执行循环后面的语句。程序执行流程如图 2-14 所示。

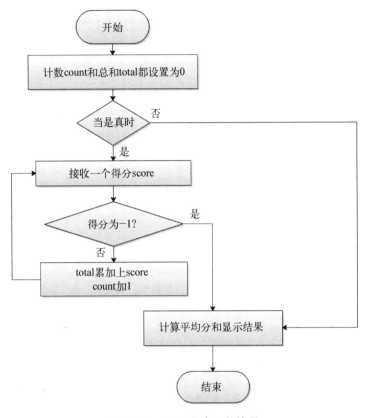

图 2-14　sy2-7 程序运行流程

8. 编写程序,打开不存在的文件,捕捉到异常后显示异常提示,保存为 sy2-8.py,参考代码如图 2-15"Editor"窗口所示。

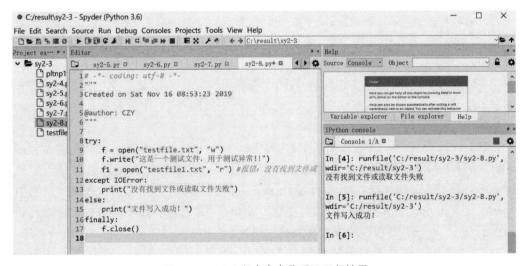

图 2-15　sy2-8 程序参考代码及运行结果

(1) 完成代码输入和保存文件。

(2) 第一次运行,结果出现错误提示。

(3) 修改第11行代码,将"testfile1.txt"改为与所创建的"testfile.txt"一致,保存后再次运行,出现的提示信息为"文件写入成功!",表示没捕捉到错误信息。

(**说明:** open()函数用于打开文件,参数"w"表示打开后用于写入,参数"r"表示读取,f.write()表示写入动作,这段程序中通过写入创建了文件 testfile.txt 文本文件,读取时如果文件名与盘上已有的文件名不一致,则会显示出错信息,这是因为 except IOError 语句捕捉到了错误信息)

9. 编写程序,随机生成10个百分制成绩,统计其最高分、最低分、平均分,并打印结果,保存为 sy2-9.py,参考代码如图 2-16"Editor"窗口所示。

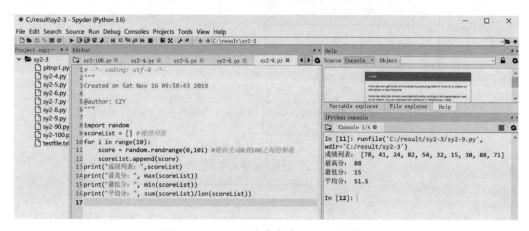

图 2-16　sy2-9 程序参考代码及运行结果

(**说明:** 用[]表示一个空列表,并放入 scoreList 变量中;range(10)表示 10 个;引入 random 模块之后,通过 random.randrange(0,101)产生 0 到 100 之间的随机整数;scoreList.append(score)是将分数 score 放入到列表中,这样可以在后面输出这个列表,并取出其最大值、最小值,对列表求和、求个数,并计算其平均)

10. 编写程序,定义一个函数,能生成 n 个由随机数 0 到 100 之间的整数组成的列表,然后调用该函数生成 100 个分数之后,求出它们的平均分,保存为 sy2-10.py,参考代码如图 2-17"Editor"窗口所示。

(1) 输入程序代码,保存文件后运行,可以看到 IPython console 窗格中的平均分数据。

(2) 在 IPython console 窗格中输入 randomScores,回车后,可以看到该变量的值为由 100 个整数组成的列表。

(**说明:** (1) 从第 9—13 行定义了函数 testData(n),n 为形式参数,第 17 行进行该函数调用时,括号中的 100 是实际参数,传递进函数中代替 n 进行运算,函数运算结果赋值给 randomScores 变量;(2) 当直接运行模块 sy2-10 时,Python 内置变量 __name__ 的值为 '__main__';当 import 导入模块 sy2-10,变量 __name__ 的值为' sy2-10 '。故一般通过条件 __name__ == '__main__',在模块中编写测试代码)

11. 编写程序,使用递归函数计算数的乘方,保存为 sy2-11.py,参考代码如图 2-18"Editor"窗口所示。

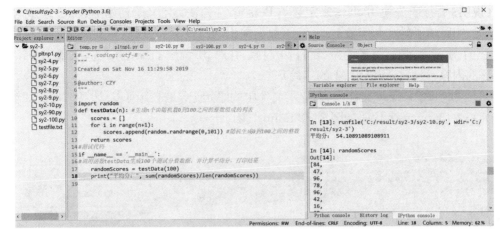

图 2-17　sy2-10 程序参考代码及运行结果

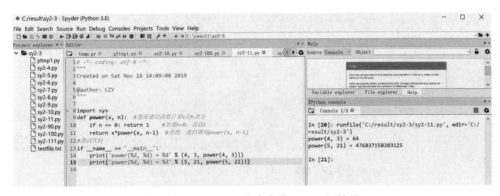

图 2-18　sy2-11 程序参考代码及运行结果

（1）输入程序代码，保存并运行，观看运行结果。

（2）以计算 4^3 为例，说明程序具体是怎么运行的，理解递归的含义。

（**说明**：sys 模块是 python 自带的用于获取系统的变量、版本信息等模块。在 print( )函数的参数中，出现在引号内部的%d 表示在对应位置应显示后面的整数参数）

12. 编写程序，定义一个包含姓名和年龄的类 Person，输出为跟某人打招呼，并显示该人的年龄，保存为 sy2-12.py，参考代码如图 2-19"Editor"窗口所示。

图 2-19　sy2-12 程序参考代码及运行结果

（**说明**：程序首先使用 class 来定义类 Person，并为该类定义了初始函数和 say_hi 函数，初始函数中赋值了姓名和年龄，say_hi 函数则输出与对应姓名进行打招呼的内容。在程序中，创建了姓名为"张三"，年龄为 25 的 p1 对象，并对 p1 调用了 say_hai 方法，输出与该姓名打招呼的内容，最后打印显示 p1 的年龄）

13. 读取 sc2-13.csv 文件内容，显示文件中的原始记录、成绩列表，计算平均成绩输出，保存为 sy2-13.py，参考代码如图 2-20"Editor"窗口所示。

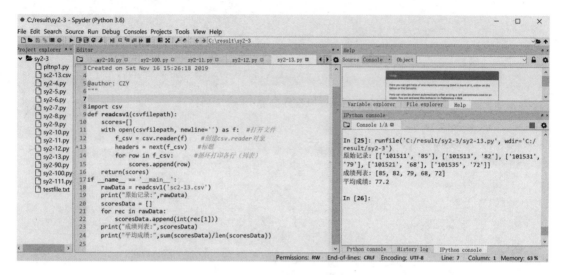

图 2-20　sy2-13 程序参考代码及运行结果

（**说明**：第 9—16 行是定义一个函数 readcsv1，能够读取一个文件，并把该文件中的内容按行加入一个列表中，每行一个列表元素。其中第 11 行，是打开这个文件，并用 f 来表示这个文件；第 12 行，创建读取这个文件的对象 f_csv；第 13 行将读取指针移动到标题行的下方，以避免读取标题行；14—15 行是按行读取 f_csv 中的数据，并追加到 scores 列表中；第 16 行，返回 scores。

第 18 行调用定义好的读取 csv 文件的函数，并取得了文件中从第 2 行到最后 1 行的数据存入 rawData 中；第 21—22 行，是把每行列表中的第二个数据添加到 scoreData 中，由于列表中的数据位置从 0 开始，rec[1]实际对应的是 rawData 每个列表中的第 2 个数据）

14. 编写程序，计算 1 000 之内自然数的奇数和、偶数和，保存为 sy2-14.py。

15. 编写程序，提示用户输入若干百分制成绩（输入-1 结束），计算并输出分数的个数与平均成绩，保存为 sy2-15.py。

16. 编写程序，绘制函数 $y=\sin(2x)+3$ 的曲线，其中 x 为 0—10 之间的 100 个数据，保存为 sy2-16.py，程序运行效果如图 2-21 所示。

17. 编写带一个参数（百分制分数 score）的函数 grade，返回对应的成绩等级（优、良、中、及格、不及格），编写该函数的测试代码，随机生成 10 个百分制分数，打印对应的成绩和等级，保存为 sy2-17.py。

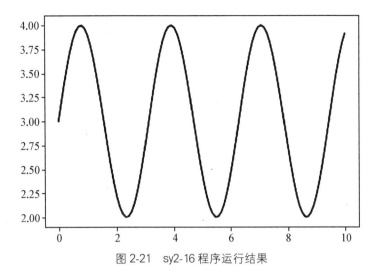

图 2-21　sy2-16 程序运行结果

18. 编写函数,随机生成 1 000 名学生的身高信息(假设身高是 150 cm 到 200 cm 之间的随机值),统计分析身高的最大值、最小值以及平均值,并打印出结果,保存为 sy2-18.py。

19. 编写函数,读取素材 sc2-19.csv 中的数据,统计分析成绩的个数、最大值、最小值、以及平均值,并打印出结果,保存为 sy2-19.py。

实验 3

常用数据集的获取

实 验 目 的

了解可以通过哪些渠道获取常用的数据集,比较和分析从不同渠道获取的数据集的差异,为进一步的数据处理和分析做准备。

实 验 内 容

1. 从世界银行官方网站(https://data.worldbank.org.cn/),查找"新生儿死亡数",并下载该数据集的 xls 格式文件,重命名为"新生儿死亡数.xls"。

2. 从 Tableau 社区资源网站,下载"夏季奥运会奖牌得主数据集",该数据集默认文件名为_____。

3. 从 Tableau 社区资源网站,下载"美国大学数据",该数据集默认的文件名是_____。

4. 从 Tableau 社区资源网站,查找"重大火山爆发"的相关数据,保存后将文件主名重命名为"重大火山爆发"。

5. 从古登堡计划(Project Gutenberg)网站(http://www.gutenberg.org/),查找下载莎士比亚(William Shakespeare)的作品全集的文本,保存为 Shakespeare.txt。

6. 访问加利福尼亚大学欧文分校网站(http://archive.ics.uci.edu/ml/index.php),观察和了解机器学习相关数据集有哪些类型。

7. 访问数据科学竞赛平台 Kaggle(https://www.kaggle.com/datasets),了解伦敦共享单车数据集的数据情况,注册后下载相关数据。

8. 访问 KDnuggets 数据科学网站(https://www.kdnuggets.com/datasets),了解该网站的特点,说出该网站提供哪些方面的数据集。

9. 访问亚马逊云计算平台(https://registry.opendata.aws/),观察其公开的数据集包括哪些方面,能否下载其中的一个数据集。

10. 访问 Github 公开数据集（https：//github.com/awesomedata/awesome-public-datasets），从网站提供的分类中，寻找你所感兴趣，或与专业相关的数据集类型，并进入访问，找一个具体的数据集进行介绍。

11. 在 Anaconda 的 Spyder 环境的 Ipython console 中，采用交互方式，使用 sklearn. datasets 的 load_boston 加载波士顿房价数据集，并观察数据集的内容。

12. 在 Anaconda 的 Spyder 环境的 Ipython console 中，采用交互方式，使用 sklearn. datasets 的 load_iris 加载鸢尾花数据集，并观察数据集的内容，并截图保存为 sy3-12.jpg。

13. 在 Anaconda 的 Spyder 环境的 Ipython console 中，采用交互方式，使用 sklearn. datasets 的 load_breast_cancer 加乳腺癌数据集，并观察数据集的内容，并截图保存为 sy3-13.jpg。

14. 在 Anaconda 的 Spyder 环境的 Ipython console 中，采用交互方式，使用 sklearn. datasets 的 load_diabetes 加糖尿病数据集，并观察数据集的内容，并截图保存为 sy3-14.jpg。

实验 4

网上数据的爬取

实 验 目 的

掌握常用数据集的获取,并尝试进行可视化分析。

实 验 内 容

1. 编写 python 程序,将数据存储到 sy4-1.csv 文件中,图 4-1 为生成的结果文件 sy4-1.csv 的内容。将程序代码保存到 sy4-1.py,图 4-2 所示为参考代码和运行结果。

产业分类	2014年	2015年	2016年	2017年	2018年
第一产业	9.1	8.8	8.6	7.9	7.2
第二产业	43.1	40.9	39.9	40.5	40.7
第三产业	47.8	50.2	51.5	51.6	52.2

图 4-1 生成的 sy4-1.csv 的内容

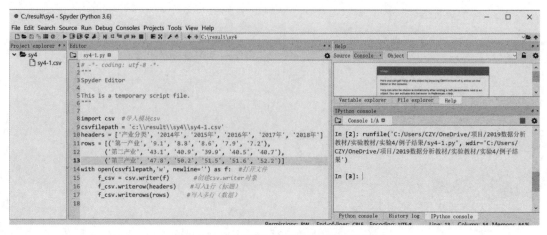

图 4-2 sy4-1 程序参考代码及运行结果

2. 编写 python 程序,读取 sy4-2.csv 文件中的数据,将程序代码保存到 sy4-2.py,图 4-3 所示为参考代码和运行结果。

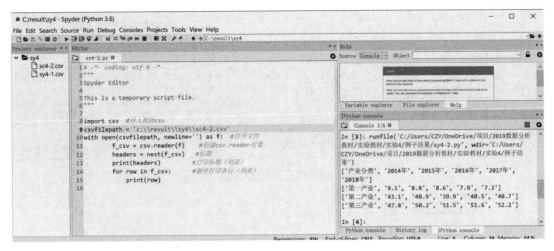

图 4-3　sy4-2 程序参考代码及运行结果

3. 编写 python 程序,将网站名字和对应的网站地址写入到 sy4-3.json 文件中,形式为:"baidu":"http://www.baidu.com/",自己寻找 5 个网站,将程序代码保存到sy4-3.py,图 4-4 所示为参考代码和运行结果。

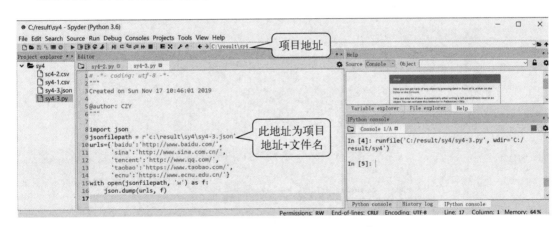

图 4-4　sy4-3 程序参考代码及运行结果

(1) 将程序代码写入并保存文件之后运行。

(2) 在 Spyder 环境左侧列表中双击所产生的 sy4-3.json 文件,可以看到文件内容。

4. 编写 python 程序,从 sy4-4.json 文件中读取数据,将程序代码保存到 sy4-4.py,图 4-5 所示为参考代码和运行结果。

5. 编写 python 程序,爬取猫眼电影 TOP 100 榜单(http://maoyan.com/)到数据文件 sy4-5-maoyan_top100.json 和 sy4-5-maoyan_top100.csv,将程序代码保存到 sy4-5.py,图 4-6、图 4-7 和图 4-8 所示为参考代码。完成后可以打开两个数据文件观察其中的内容。

(1) 在浏览器中访问猫眼电影主页,并从右侧找到 TOP 100 榜单,查看完整榜单页面。

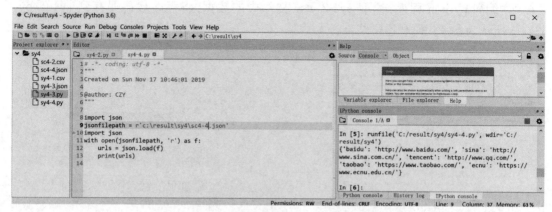

图 4-5　sy4-4 程序参考代码及运行结果

```python
1 import requests
2 import faker
3 import re
4 import json
5 import csv
6 import codecs
7 import time
8
9 # 使用fake库，生产伪造数据和http header
10 fake = faker.Factory.create()
11 headers = {
12     'Connection': 'keep-alive',
13     'User-Agent': fake.user_agent()
14 }
15
16 _content = {} #保存排行榜信息 index:[image, title, actor, time, score]
17
18 def download_parse(url):
19     global _content
20     # 定义正则表达式，匹配网页中的影片的七种数据信息
21     pattern = re.compile('<dd>.*?board-index.*?>(\d+)</i>'
22                     + '.*?<img data-src="(.*?)"'
23                     + '.*?<p class="name"><a.*?>(.*?)</a>'
24                     + '.*?<p class="star">(.*?)</p>'
25                     + '.*?<p class="releasetime">(.*?)</p>'
26                     + '.*?<p class="score"><i class="integer">(.*?)</i>'
27                     + '.*?<i class="fraction">(.*?)</i>.*?</dd>', re.S)
```

图 4-6　sy4-5 程序参考代码前段

```python
28     try:
29         response = requests.get(url, headers=headers)
30         if not response.ok: # 如果下载页面失败，则返回None
31             return None
32         items = re.findall(pattern, response.text)
33         # 抽取把正则表达式匹配的结果信息，并放置到全局变量_content中
34         for item in items:
35             board_index = item[0]
36             image_url = item[1]
37             name = item[2]
38             star = item[3].strip()[3:]
39             time = item[4].strip()[5:]
40             score = item[5] + item[6]
41             _content[board_index] = [name, star, time, score,image_url]
42             print(_content[board_index]) #输出调试
43     except Exception as e:
44         print(e)
45         return None
46
47 def save_json(filename):
48     with open(filename, 'w', encoding='utf-8') as f:
49         f.write(json.dumps(_content, ensure_ascii=False))
50
```

图 4-7　sy4-5 程序参考代码中段

数据分析与大数据实践实验指导

```
50|
51 def save_csv(filename):
52     # 先给文件写一个Windows系统用来识别编码的头
53     with open(filename, 'wb') as f:
54         f.write(codecs.BOM_UTF8)    #避免乱码
55     # 使用append模式打开文件，继续写入
56     with open(filename, 'a', encoding='utf-8', newline='') as f:
57         f_csv = csv.writer(f, dialect='excel',)
58         f_csv.writerow(['排名','影片名称','主演','上演时间','得分','电影海报URL'])
59         for (k, v) in _content.items():
60             f_csv.writerow([k, v[0], v[1], v[2], v[3], v[4]])
61
62 def main():
63     global _content
64     url_pattern = 'http://maoyan.com/board/4?offset={0}'
65     for i in range(0,100,10):
66         url = url_pattern.format(i)
67         download_parse(url)
68         time.sleep(0.5)    #延时0.5秒，避免被服务器拒绝访问
69     save_json(r'c:\result\sy4\sy4-5-maoyan_top100.json')  #把结果写入json文件
70     save_csv(r'c:\result\sy4\sy4-5-maoyan_top100.csv')  #把结果写入csv文件
71
72 if __name__ == '__main__':
73     main()
```

图 4-8   sy4-5 程序参考代码后段

(2) 右击网页空白处,通过快捷菜单"查看网页源代码"(或按〈Ctrl〉+〈U〉),查看网页代码,了解网页代码构成。

(3) 参照图 4-6—4-8 中的代码,在 Spyder 环境中完成程序编写,保存并运行调试,直到正确。

(4) 在 Spyder 环境中打开所产生的 json 文件,观看内容。

(5) 在资源管理器中找到所产生的 csv 文件,打开观看内容。

6. 编写 python 程序,爬取豆瓣电影网 TOP 250(https:// movie. douban. com/ top250)中的数据到数据文件 sy4-6.json 和 sy4-6.csv,将程序代码保存到 sy4-6.py,图 4-9—图 4-12 所示为参考代码。完成后可以打开两个数据文件观察其中的内容。

(1) 在浏览器中访问豆瓣电影网 TOP 250 主页。

(2) 右击网页空白处,通过快捷菜单"查看网页源代码"(或按〈Ctrl〉+〈U〉),查看网页代码,了解网页代码构成。

(3) 参照图 4-9—4-12 中的代码,在 Spyder 环境中完成程序编写,保存并运行调试,直到正确。

(4) 在 Spyder 环境中打开所产生的 json 文件,观看内容。

(5) 在资源管理器中找到所产生的 csv 文件,打开观看内容。

```
 8 import requests
 9 import faker
10 from bs4 import BeautifulSoup
11 import json
12 import csv
13 import codecs
14 import time
15
16 # 使用faker库，生产伪造数据和http header。
17 fake = faker.Factory.create()
18 headers = {
19     'Connection': 'keep-alive',
20     'User-Agent': fake.user_agent()
21 }
22
23 _content = {} #保存排行榜信息 index:[image, title, actor, time, score]
24|
```

图 4-9   sy4-6 程序参考代码第 1 段

```
24
25 def download_parse(url):
26     global _content
27     try:
28         response = requests.get(url, headers=headers)
29         if not response.ok: # 如果下载页面失败，则返回None
30             return None
31         #使用BeautifulSoup分析获得的html，抓取排行榜信息
32         # 将html文档转化为BeautifulSoup对象
33         soup = BeautifulSoup(response.text, "lxml")
34         tag_ol = soup.find("ol") # 找到ol
35         tags_il = tag_ol.find_all('li')
36         for tag in tags_il:
37             # <div class="item">
38             div_item = tag.find('div', attrs={'class':'item'})
39             # <div class="pic">
40             div_pic = div_item.find('div', attrs={'class':'pic'})
41             # 排名
42             board_index = div_pic.find('em', attrs={'class':''}).get_text()
43             # 海报url
44             image_url = div_pic.find('img')['src']
45             # <div class="info">
46             div_info = div_item.find('div', attrs={'class':'info'})
47             # <div class="hd">
48             div_hd = div_info.find('div', attrs={'class':'hd'})
49             # 影片名
50             title = div_hd.find('span', attrs={'class':'title'}).get_text()
51             # <div class="bd">
52             div_bd = div_info.find('div', attrs={'class':'bd'})
53             # 演职人员
54             cast = div_bd.find('p', attrs={'class':''}).get_text().strip()
55             # 评分
```

图 4-10　sy4-6 程序参考代码第 2 段

```
56             rate = div_bd.find('span', attrs={'class':'rating_num'}).get_text()
57             #评价 # 防止有的影片没有评价
58             if div_bd.find('span', attrs={'class':'inq'}):
59                 quote = div_bd.find('span', attrs={'class':'inq'}).get_text()
60             else: quote = ''
61             _content[board_index] = [title,cast,rate,quote,image_url]
62             print(_content[board_index]) #调试输出
63     except Exception as e:
64         print(e)
65         return None
66
67 def save_json(filename):
68     with open(filename, 'w', encoding='utf-8') as f:
69         f.write(json.dumps(_content, ensure_ascii=False))
70
71 def save_csv(filename):
72     # 先给文件写一个Windows系统用来识别编码的头
73     with open(filename, 'wb') as f:
74         f.write(codecs.BOM_UTF8) #避免乱码
75     # 使用append模式打开文件，继续写入
76     with open(filename, 'a', encoding='utf-8', newline='') as f:
77         f_csv = csv.writer(f, dialect='excel')
78         f_csv.writerow(['排名','影片名称','演职人员','得分','评价','电影海报URL'])
79         for (k, v) in _content.items():
80             f_csv.writerow([k, v[0], v[1], v[2], v[3], v[4]])
81
```

图 4-11　sy4-6 程序参考代码第 3 段

　数据分析与大数据实践实验指导

```
81
82 def main():
83     global _content
84     url_pattern = 'https://movie.douban.com/top250?start={0}'
85     for i in range(0,250,25):
86         url = url_pattern.format(i)
87         download_parse(url)
88         time.sleep(0.5)    #延时0.5秒, 避免被服务器拒绝访问
89     save_json(r'c:\result\sy4\sy4-6-douban_movie_top250.json') #把结果写入json文件
90     save_csv(r'c:\result\sy4\sy4-6-douban_movie_top250.csv') #把结果写入csv文件
91
92 if __name__ == '__main__':
93     main()
94
```

图 4-12　sy4-6 程序参考代码第 4 段

7. 使用 requests 和 re 爬取天气后报(http://www.tianqihoubao.com/)网站上 2018 年度上海天气信息。结果保存为 csv 和 json 文件,将程序代码保存到 sy4-7.py。

(1) 在主页上找到上海历史天气记录(http://www.tianqihoubao.com/lishi/shanghai.html),如图 4-13 所示。

图 4-13　需要爬取的网站信息范围

(2) 分析网页超链接,可以发现:2018 年 1 月上海天气的网址为:http://www.tianqihoubao.com/lishi/shanghai/month/201801.html;2018 年 2 月上海天气的网址为:http://www.tianqihoubao.com/lishi/shanghai/month/201802.html;依此类推,2018 年 12 月上海天气的网址为:http://www.tianqihoubao.com/lishi/shanghai/month/201812.html。

(3) 进入每月天气网页,观察和分析网页内容,可以爬取的天气信息包括:日期、天气状况、气温、风力风向,如图 4-14 所示。

(4) 编写程序代码,保存、运行调试。

8. 使用 requests 和 bs4 爬取豆瓣阅读 TOP 250 榜单,爬取的数据保存为 csv 和 json 文件,程序代码保存为 sy4-8.py。

(1) 访问豆瓣阅读网站(网址为:https://book.douban.com/top250)。分析网页超链接,可以发现榜单第一页(前 25)的网址为 https://book.douban.com/top250?start=0,榜单第二页(26—50)的网址为 https://book.douban.com/top250?start=25,依次类推,榜单最后的页面的网址为 https://book.douban.com/top250?start=225。

图 4-14　需要爬取的网站具体信息

（2）分析网页内容，要求爬取的豆瓣读书 TOP 250 的信息包括：书名（bookname）、作者出版信息（pubinfo）、评分（rating）、评价人数（comment_nums）、评价（quote），如图 4-15 所示。

图 4-15　需要爬取的网站具体信息

（3）编写程序代码，保存、运行调试。

9. 使用网络爬虫技术，爬取读者感兴趣的网页信息内容，爬取的数据保存为 csv 和 json 文件，将程序代码保存为 sy4-9.py。

实验 5

数据清洗实践

实 验 目 的

通过实践体会使用 Access 进行数据清洗的过程,掌握基本的数据清洗方法,能借助工具熟练实现简单的数据清洗处理。

实 验 内 容

1. 所获取的淘宝用户数据行为数据存储在 sy5-1 淘宝用户行为.xlsx 中,由于存在一定的缺失、重复等问题,需要通过数据清洗,使数据变得规范,方便下一步的数据分析和可视化。清洗后的数据保存为 sy5-1.accdb。

(1) 打开原始表格 sy5-1“淘宝用户行为.xlsx”进行观察,记录表中包含的数据有:用户 ID、年龄、性别、商品 ID、用户行为类别、商品种类、用户行为时间、用户省份信息。然后关闭该文件。

(2) 导入 sy5-1“淘宝用户行为.xlsx”的用户原始行为数据,导入时选择“将源数据导入到当前数据库的新表中”,并建立用户行为基本表格 user_event,导入过程中将表格对应列设置为表 5-1 所示的字段格式类型和长度,最终保存为“淘宝用户数据库 sy5-1.accdb”。

表 5-1 淘宝用户行为数据表结构

表名:user_event				
字段 ID	字段名	类 型	长 度	说 明
id	记录 ID	数字	10	
user_id	用户 ID	短文本	255	
age	年龄	短文本	255	

	表名：user_event			
字段 ID	字段名	类 型	长 度	说 明
gender	性别	短文本	255	0：男 1：女 2：未知
item_id	商品 ID	短文本	255	
behavior_type	用户行为类别	短文本	255	1：浏览 2：收藏 3：加购物车 4：购买
item_category	商品种类	短文本	255	
time	用户行为时间	短文本	255	
Province	省份	短文本	255	

（3）导入后如图 5-1 所示。

图 5-1　导入后的用户行为表格

（4）清洗重复值。首先使用"查询向导"新建查找重复值的查询，如图 5-2 所示。

选择需要查询的表格为 user_event，将该表中所有可能有重复值的字段都选择为需要查询重复的字段，如图 5-3 所示。

由于在实现结果的时候，需要通过 ID 来区分，因此在重复字段之外，把 ID 字段也添加进去。添加查询名称并实施查询后，可以看到查询结果，如图 5-4 所示。

如果找到的重复不多，可以选定需要删除的行，使用手动方法直接删除，如果需要删除的记录比较多，可以使用 SQL 的删除语句，根据 ID 号进行删除，如删除图 5-4 中两条重复记录的 SQL 语句为：

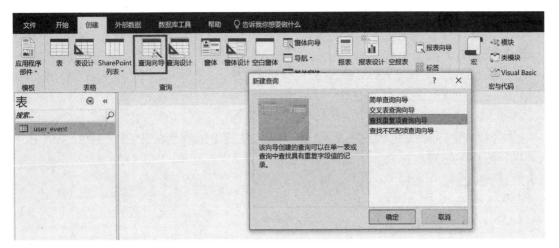

图 5-2　新建查询

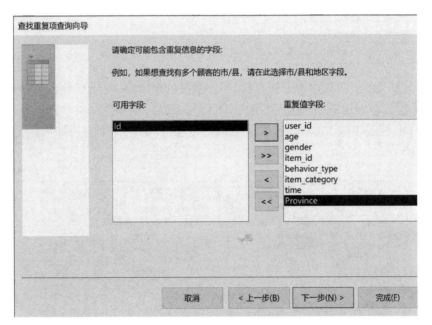

图 5-3　添加需要检查是否是重复值的字段

user_id	age	gender	item_id	behavior_t	item_categ	time	Province	Id
100761551	48	0	225520260	1	6513	2014/12/12	广西	413
100761551	48	0	225520260	1	6513	2014/12/12	广西	77
15818895	18	1	53616768	4	9762	2014/12/2	台湾	8
15818895	18	1	53616768	4	9762	2014/12/2	台湾	7

图 5-4　user_event 表中重复项查询结果

```
DELETE FROM user_event WHERE id IN (
SELECT a.id
FROM user_event a,
    (SELECT min(id) as minid, user_id, age, gender, item_id, behavior_type, item_
        category, time, Province
    FROM user_event
    GROUP BY user_id, age, gender, item_id, behavior_type, item_category, time, Province
    HAVING count(1)>1) b
    WHERE a.id > b.minid
    AND a.user_id = b.user_id
    AND a.age = b.age
    AND a.gender = b.gender
    AND a.item_id = b.item_id
    AND a.behavior_type = b.behavior_type
    AND a.item_category = b.item_category
    AND a.time = b.time
    AND a.Province = b.Province)
```

(5) 清洗缺失值。首先根据分析目标,确定字段的重要性,对于统计各省份销量位于前十位的商品类别,以及分析用户特征,用户 ID、性别、商品 ID 和商品类别是重要的信息。在 Access 的 SQL 视图中输入如图 5-5 所示的查询语句,查询这 5 个字段缺失的记录,结果显示如图 5-6 所示。

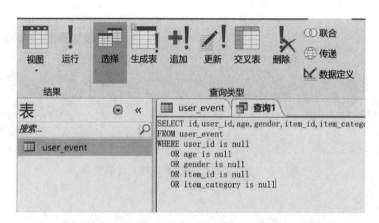

图 5-5 查询 user_event 表中缺失值的 SQL 语句

id	user_id	age	gender	item_id	item_categ
2		27	1	285259775	4076
5	125574663	22		53616768	9762
9	133773960	199		298397524	10894
15	197168702	28	1	275221686	

图 5-6 主要字段存在缺失值的记录

使用 SQL 语句删除 user_id 缺失的一条记录,如图 5-7 所示。对于性别缺失的信息,可以设置为 2 表示未知,更改的 SQL 语句如图 5-8 所示。

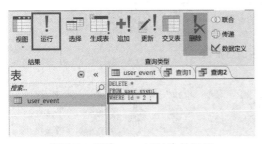

图 5-7　删除 user_id 缺失的记录

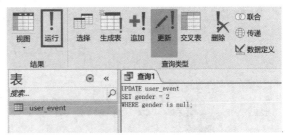

图 5-8　将 gender 的缺失数据设置为 2

由于同一种商品的商品类别相同,查找与缺失 item_category(商品类别)具有相同 item_id(商品编号)的其他记录,找到对应的 item_category 值,补充缺失记录中,如图 5-9 所示。

15 197168702	28	1	275221686	1		2014/12/3	北京市
16 20331578	57	0	97441652	1	10576	2014/11/20	上海市
17 49816455	62	0	275221686	1	10576	2014/12/13	湖北

图 5-9　根据相关数据补充缺失值

(6) 异常数据的清洗。查看 user_event 表中的异常数据,是否有不属于表 5-1 中字段值类型、范围的值。找到 gender 字段中存在异常数据,如图 5-10 所示,该字段的取值应该是 0,1,2。通过把"男"更新为"0"、"女"更新为"1"的,可以纠正这样的问题,图 5-11 所示的 SQL 语句可以完成这样的更新。

11 157079107	44	0	323339743	1	10894	2014/12/12	吉林
12 155648810	57	女	396795886	1	2825	2014/12/12	台湾
13 175670484	45	男	9947871	1	2825	2014/11/28	吉林
14 162728279	54	男	150720867	1	3200	2014/12/15	宁夏
15 197168702	28	1	275221686	1	10576	2014/12/3	北京市
16 20331578	57	0	97441652	1	10576	2014/11/20	上海市
17 49816455	62	0	275221686	1	10576	2014/12/13	湖北
18 28145118	58	0	275221686	1	10576	2014/12/8	四川

图 5-10　gender 字段中的异常值

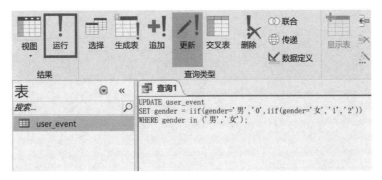

图 5-11　修改 gender 字段中的异常值

user_event 表中的 age 字段值也存在异常数据,如图 5-12 所示。可以使用购买相同商品的用户的平均年龄来取代这个异常值,更改的 SQL 语句如图 5-13 所示。更改后的字段值如图 5-14 所示。

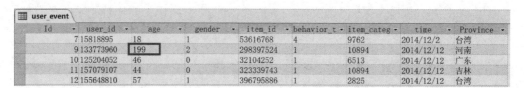

Id	user_id	age	gender	item_id	behavior_t	item_categ	time	Province
7	15818895	18	1	53616768	4	9762	2014/12/2	台湾
9	133773960	199	2	298397524	1	10894	2014/12/12	河南
10	125204052	46	0	32104252	1	6513	2014/12/12	广东
11	157079107	44	0	323339743	1	10894	2014/12/12	吉林
12	155648810	57	1	396795886	1	2825	2014/12/12	台湾

图 5-12　age 字段中的异常值

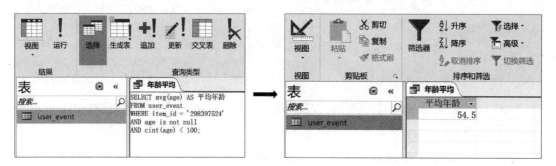

图 5-13　查询计算得到可以替代异常值的数据

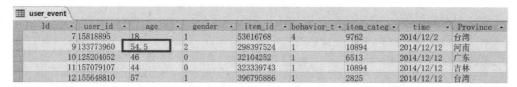

Id	user_id	age	gender	item_id	behavior_t	item_categ	time	Province
7	15818895	18	1	53616768	4	9762	2014/12/2	台湾
9	133773960	54.5	2	298397524	1	10894	2014/12/12	河南
10	125204052	46	0	32104252	1	6513	2014/12/12	广东
11	157079107	44	0	323339743	1	10894	2014/12/12	吉林
12	155648810	57	1	396795886	1	2825	2014/12/12	台湾

图 5-14　更新 age 的异常数据

（7）保存清洗后的数据库。

2. 对实验 4 中所获取的猫眼电影 TOP 100 榜单数据转换为 xlsx 格式后，使用 Access 工具进行清洗，完成清洗后的数据库保存为 sy5-2.accdb。

3. 对实验 4 中所获取的豆瓣电影网 TOP 250 数据转换为 xlsx 格式后，使用 Access 工具进行清洗，完成清洗后的数据库保存为 sy5-3.accdb。

实验 6

数据脱敏

实验目的

了解数据脱敏技术和分类、掌握基本的数据脱敏方法、借助工具熟练地实现简单的数据脱敏处理。

实验内容

打开"sy6-1 DataMasking. accdb"文件,其中有两张表,表"data"中存放原始数据,表"datamasking"的数据与原始数据相同,如图 6-1 所示。针对 datamasking 中的敏感字段,利用 update 语句更新表,实现数据的脱敏处理。完成以下操作要求,结果如图 6-2 所示,可以对比原始数据查看脱敏效果。

1. 电话。

将电话号码替换成:电话号码+12321。

2. 合同编号。

按以下规则为合同编号重新编码。

自定义编码:4 位固定码"WJSS"+源目标字符串 8 位号码+5 位随机数。

3. 身份证。

掩码屏蔽:前面保留 5 位明文,后面保留 4 位明文,其他位以"＊"显示。

4. 地址。

截断无效化:只显示到路名,门牌号以后做截断处理。

5. 姓名。

随机化:将名字中的第二个字以随机值替换。

6. 电子邮件。

编码置换:将电子邮件的第三个字符以第一个字符的 ASCII 码+2 替换。

7. 操作时间。

偏移和取整:将操作时间的日期后移 8 天,时间部分取整。

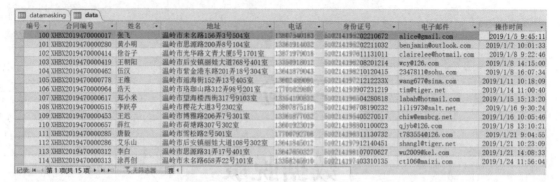

图 6-1　原始数据

图 6-2　脱敏后的数据

操作提示：

（1）update datamasking set 电话 ＝ 电话 ＋12321。

（2）合同编号 ＝ 'WJSS' & mid(合同编号,5,8) & (round(rnd * 100000)＋编号)。

（3）身份证号 ＝ replace(身份证号,mid(身份证号,6,9),"* * * * * * * * *")。

（4）地址 ＝ left(地址, instr(地址,'路')＋instr(地址,'道')＋instr(地址,'街'))。

（5）姓名 ＝ left(姓名,1)＋chr(asc(mid(姓名,2,1))＋int(rnd * 7)＋1)。

（6）电子邮件 ＝ left(电子邮件,2)＋replace(电子邮件,mid(电子邮件,3,1),asc(left(电子邮件,1))＋2,3,1)。

（7）操作时间 ＝ int(操作时间＋8)＋timeserial(hour(操作时间＋8),0,0)。

实验 7

数据集成体验

实 验 目 的

理解数据集成技术的目的、掌握基本的数据整合方法、灵活运用 EXCEL 工具实现简单的内容整合及模式整合。

实 验 内 容

1. 内容追加整合。

对于数据结构一致的两个数据源，可以直接合并数据内容。

文件"sy7-1 Order1. xlsx"、"sy7-1 Order2. csv"分别存储了某商店的两份不同订单数据，其数据结构定义相同，现要求将两份订单的数据汇总在一起。

完成以下操作要求，结果如图 7-1 所示。

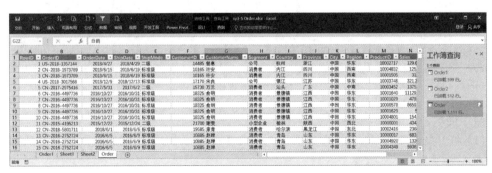

图 7-1　内容追加整合

（1）使用 Excel 的查询编辑器，定制 Order1 和 Order2 的合并查询视图。

（2）将 Order2 中所有的订单记录（共 512 条），追加合并在 Order1 订单数据（共 599 条）的后面，第一行为标题行。

（3）将合并后数据的 RowID 从 1 开始重新编码。

(4) 合并后的订单数据保存在 Excel 文件"sy7-1 Order.xlsx"中,工作表命名为 Order。

操作提示:

(1) 打开"sy7-1 Order1.xlsx"文件,为工作表"Order1"中的数据建立查询,命名为"Order1"。

(2) 通过菜单命令"数据/新建查询/从文件/从 CSV",为"sy7-1 Order2.csv"文件数据建立查询,命名为"Order2"。

(3) 通过菜单"查询工具/查询/追加"打开追加对话框,将 Order1 追加到主表,选择 Order2 作为与主表一起追加的表,确定后合并两表数据,合并查询命名为"Order"。

(4) 利用查询编辑器删除 RowID 列。添加索引列,索引值从 1 开始,并更改列名为"RowID"。

(5) 利用查询编辑器更改 OrderDate 和 ShipDate 的数据类型为"日期"型。

2. 模式整合。

当数据源的数据结构不一致,但存在关联字段可以把不同数据源的数据联结起来时,也可以按需把关联数据整合在一起,形成新的数据表结构。

文件"sy7-2 Product.csv"中存储了产品信息,包括 ProductID、Category、SubCategory、ProductName,通过字段 ProductID 和订单记录相联结。现在把产品信息合并到订单表中去,完成以下操作要求,结果如图 7-2 所示。

(1) 打开上一题做成的文件"sy7-1 Order.xlsx",对于工作表"Order"中的数据,把每个订单中产品的相关信息与"Order"表数据整合到一起。

(2) 在"ProductID"后面新建列"ProductID_Disp",数据值用 Category-SubCategory-ProductID 的形式表示,例如"办公用品-信封-10004832"。

(3) 合并结果保存在文件"sy7-2 Order.xlsx"中,工作表命名为"MergeData"。

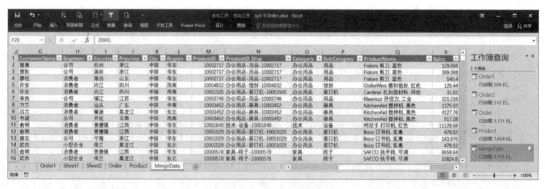

图 7-2 模式整合

操作提示:

(1) 打开"sy7-1 Order.xlsx"文件,为"sy7-2 Product.csv"文件数据建立名为"Product"的查询。

(2) 打开查询"Order",通过合并查询,以"ProductID"为匹配列,与 Product 创建合并表。扩展合并列,显示 Category、SubCategory、ProductName。

(3) 添加自定义列,列名为:ProductID_Disp,自定义列公式为:[Category] & "-" & [SubCategory] & "-" & Text.From([ProductID])。

(4) 移动数据列至合适的位置。

实验 8

运用公式与函数的数据基本分析

实 验 目 的

1. 认识数值、文本、逻辑、日期与时间类型的数据。
2. 掌握数学函数、逻辑函数、文本函数、日期与时间函数、查找函数等的使用方法。
3. 掌握数组公式的运用。

实 验 内 容

1. 数学函数(SUMIF、SUM、ROUND 等)和数组公式的应用。打开"sy8-1 商品销售. xlsx"文件,完成以下操作要求,计算结果如图 8-1 所示。

(1) 在数据区域 K3:L10 中统计每类产品的库存总量和订购总量。

(2) 统计以"康"开头的所有供应商(康复、康堡、康美)的总库存量,结果置于单元格 O12 中。

(3) 统计以"箱"为计量单位的产品订购总量,结果置于单元格 O13 中。

(4) 统计产品订购总金额(四舍五入到小数点后一位),结果置于单元格 O14 中。

K3			✕ ✓	fx	{=SUMIF(D2:D40,J3:J10,G2:G40)}										
▲	A	B	C	D	E	F	G	H	I	J	K	L	M	N	O
1	产品ID	产品名称	供应商	类别	单位数量	单价	库存量	订购量							
2	1	苹果汁	佳佳乐	饮料	每箱24瓶	¥151.90	39	10		商品类别	库存总量	订购总量			
3	2	牛奶	佳佳乐	饮料	每箱24瓶	¥48.00	17	25		饮料	293	85			
4	3	蕃茄酱	佳佳乐	调味品	每箱12瓶	¥64.00	13	25		调味品	231	55			
5	4	盐	康富食品	调味品	每箱12瓶	¥22.00	53	0		肉/家禽	29	0			
6	6	酱油	妙生	调味品	每箱12瓶	¥79.00	120	25		海鲜	353	95			
7	7	海鲜粉	妙生	特制品	每箱30盒	¥30.00	15	10		日用品	229	95			
8	8	胡椒粉	妙生	调味品	每箱30盒	¥40.00	6	0		特制品	76	10			
9	9	鸡	为全	肉/家禽	每袋500克	¥78.80	29	0		点心	237	80			
10	10	蟹	为全	海鲜	每袋500克	¥158.00	31	0		谷类/麦片	165	50			
11	12	德国奶酪	日正	日用品	每箱12瓶	¥178.00	86	0							
12	11	民众奶酪	日正	日用品	每袋6包	¥40.90	22	30		以"康"开头的所有供应商(康复、康堡、康美)的总库存量					121
13	13	龙虾	德昌	海鲜	每袋500克	¥185.00	24	5		以"箱"为计量单位的产品订购总量					295
14	14	沙茶	德昌	特制品	每箱12瓶	¥23.25	35	0		产品订购总金额					16700.5

图 8-1　商品销售统计信息

操作提示：

(1) 库存总量 K3 单元格的公式为：＝SUMIF($D$2: $D$40,J3, $G$2: $G$40)。

(2) 订购总量 L3 单元格的公式为：＝SUMIF($D$2: $D$40,J3, $H$2: $H$40)。

(3) 以“康”开头的所有供应商(康复、康堡、康美)的总库存量 O12 单元格的公式为：＝SUMIF(C2:C40,"康＊",G2:G40)。

(4) 以“箱”为计量单位的产品订购总量 O13 单元格的公式为：＝SUMIF(E2:E40,"＊箱＊",H2:H40)。

(5) 产品订购总金额 O13 单元格的数组公式为：{＝ROUND(SUM(F2:F40＊H2:H40),1)}。

	A	B	C
1	x	分段函数AND	分段函数OR
2	-6.75	9.68	9.68
3	-12.07	11.99	11.99
4	-14.97	11.23	11.23
5	-4.71	7.34	7.34
6	-5.54	8.73	8.73
7	-1.61	-8.36	-8.36
8	7.22	9.64	9.64
9	9.34	9.09	9.09
10	2.73	29.30	29.30
11	-9.06	9.03	9.03

图 8-2　分段函数结果

2. 数学函数、三角函数、逻辑函数(IF、AND、OR、RAND、ROUND、SQRT、ABS、EXP、LOG、COS、LN、PI)等的应用。打开“sy8-2 分段函数.xlsx”文件，计算当 x 取值为－15 到 20 之间的随机实数(保留两位小数)时，分段函数 y 的值。要求使用两种方法实现：一种方法先判断－2≤x≤5 条件(AND 条件)，第二种方法先判断 x＜－2 或 x＞5 条件(OR 条件)。结果均四舍五入到小数点后两位。计算结果如图 8-2 所示。

$$y=\begin{cases}x^3-2\sqrt{|x|}+e^x-\log_2(x^2+1) & -2\leqslant x\leqslant 5\\ \cos x+\ln(\pi x^4+e) & x<-2 \text{ 或 } x>5\end{cases}$$

操作提示：

(1) 生成－15 到 20 之间的随机实数(保留两位小数)的公式为：＝ROUND(RAND()＊35－15,2)。

(2) 利用 IF 函数、AND 函数和数学函数计算分段函数 y 的值的公式为：＝IF(AND(A2＞＝－2,A2＜＝5),A2^3－2＊SQRT(ABS(A2))＋EXP(A2)－LOG(A2^2＋1,2),COS(A2)＋LN(PI()＊A2^4＋EXP(1)))。

3. 逻辑函数(SUM、IF、AND、OR 等)的应用。打开“sy8-3 学生成绩录取标准.xlsx”文件，完成以下操作要求，实验结果如图 8-3 所示。

(1) 计算所有学生的总成绩。

(2) 根据学生 6 门功课的成绩，确定是否录取学生，假设录取标准为：6 门功课的总分大于或等于 400，语文和外语均及格，并且语文和外语至少有一门不小于 80 分。

	A	B	C	D	E	F	G	H	I
1	学号	语文	数学	外语	物理	化学	政治	总成绩	是否录取
2	S01001	94	95	78	98	96	92	3	录取
3	S01002	84	97	97	76	97	99	550	录取
4	S01003	50	75	62	63	81	78	409	不录取
5	S01004	69	56	87	74	65	66	417	录取
6	S01005	64	72	57	59	80	83	415	不录取
7	S01006	74	79	75	73	91	52	444	不录取
8	S01007	73	67	84	75	59	57	415	录取
9	S01008	74	61	77	74	81	54	421	不录取
10	S01009	51	87	96	93	72	72	471	不录取
11	S01010	63	88	50	64	75	58	398	不录取
12	S01011	77	51	97	57	55	65	402	录取
13	S01012	82	50	68	87	66	88	441	录取
14	S01013	84	96	78	75	99	52	484	录取

图 8-3　学生成绩录取标准

操作提示：

利用 IF 函数、AND 函数和 OR 函数判断是否录取学生的公式为：＝IF(AND(H2＞＝400,B2＞＝60,D2＞＝60,OR(B2＞＝80,D2＞＝80)),"录取","不录取")。

4. 逻辑函数的应用。利用逻辑函数 IF、AND、OR 和数学函数 MOD 函数判断"sy8-4 闰年平年.xlsx"中所存放的年份(1980—2040)是闰年还是平年。判断闰年的条件是：年份能被 400 整除,或者能被 4 整除但不能被 100 整除。结果如图 8-4 所示。

	A	B
1	年份	闰/平年
2	1980	闰年
3	1981	平年
4	1982	平年
5	1983	平年
6	1984	闰年
7	1985	平年
8	1986	平年
9	1987	平年
10	1988	闰年

图 8-4　闰/平年的判断结果

操作提示：

IF、AND、OR 和 MOD 函数判断闰平年的公式为：＝IF(OR(MOD(A2,400)＝0,AND(MOD(A2,4)＝0,MOD(A2,100)〈〉0)),"闰年","平年")。

	A	B	C
1	身份证号码	年龄	称谓
2	510725198509127000	34	小姐/女士
3	510725197604103877	43	先生
4	510725197307257085	46	小姐/女士
5	510725197706205778	42	先生
6	510725197008234010	49	先生
7	510725197607164510X	43	先生
8	510725197701136405	42	小姐/女士
9	510725197107162112	48	先生
10	510725197402266352	45	先生
11	510725198307258738	36	先生
12	510725198109214890X	38	先生
13	510725197803239245	41	小姐/女士
14	510725198505144256	34	小姐/女士
15	510725198008215123	39	小姐/女士

图 8-5　年龄和称谓信息

5. 数学函数、逻辑函数、文本函数、日期与时间函数等的应用。打开"sy8-5 身份证信息.xlsx"文件,利用 MID、IF、MOD、YEAR 以及 NOW 等函数,根据身份证号获取称谓和当前年龄信息。在 18 位身份证号码中,第 7、8、9、10 位为出生年份(四位数),第 11、第 12 位为出生月份,第 13、14 位代表出生日期,第 17 位代表性别,奇数为男(称谓：先生),偶数为女(称谓：小姐/女士)。实验结果参见图 8-5 所示。

操作提示：

(1) 根据身份证信息获取当前年龄的公式为：＝YEAR(NOW())−MID(A2,7,4)。

(2) 根据身份证信息获取称谓的公式为：＝IF(MOD(MID(A2,17,1),2)＝1,"先生","小姐/女士")。

6. 逻辑函数、文本函数、信息函数、查找与引用函数(CONCATENATE、MID、MIDB、SEARCHB、LEFT、RIGHT、LENB、LEN、IF、ISERROR、SUBSTITUTE)等的应用。打开"sy8-6 供应商信息.xlsx"文件,完成以下操作要求,实验结果如图 8-6 所示。

	A	B	C	D	E	F	G	H	I	J	K	L
E2				fx =MIDB(C2,SEARCHB("?",C2),2*LEN(C2)−LENB(C2))							
1	姓名	城市	街道地址	城市地址	街道号码	城市邮编	城市	邮政编码	电话号码	区号	市话号码	开发区供应商电话号码
2	王歆文	石家庄	光明北路854号	石家庄光明北路854号	854	石家庄050007	石家庄	050007	0311-97658346	0311	97658386	
3	王郁立	海口	明成街19号	海口明成街19号	19	海口567075	海口	567075	0898-712143	0898	712143	
4	刘倩芳	天津	重阳路567号	天津重阳路567号	567	天津300755	天津	300755	022-9113568	022	9113568	
5	陈熔洁	大连	冀州西街6号	大连冀州西街6号	6	大连116654	大连	116654	0411-85745549	0411	85745549	
6	王鹏瑛	天津	新技术开发区43号	天津新技术开发区43号	43	天津300755	天津	300755	022-81679931	022	81679931	022-81679931
7	周一蓝	长春	志新路37号	长春志新路37号	37	长春130745	长春	130745	0431-5327434	0431	5327434	
8	赵国赞	重庆	志明东路84号	重庆志明东路84号	84	重庆488705	重庆	488705	852-6970831	852	6970831	
9	张祯喆	天津	明正东街12号	天津明正东街12号	12	天津300755	天津	300755	022-71657062	022	71657062	
10	范起冠	长春	高新技术开发区3号	长春高新技术开发区3号	3	长春130745	长春	130745	0431-8293735	0431	8293735	0431-8293735
11	王琪琪	天津	津东路19号	天津津东路19号	19	天津300755	天津	300755	022-68523326	022	68523326	
12	邓丽丽	温州	吴越大街35号	温州吴越大街35号	35	温州325904	温州	325904	0577-64583321	0577	64583321	
13	张娟娟	石家庄	新技术开发区36号	石家庄新技术开发区36号	36	石家庄050125	石家庄	050125	0311-82455173	0311	82455173	0311-82455173
14	覃依妮	南京	崇明路9号	南京崇明路9号	9	南京210453	南京	210453	025-97251968	025	97251968	
15	宣华华	南昌	崇明西路丁93号	南昌崇明西路丁93号	93	南昌330975	南昌	330975	0791-56177810	0791	56177810	

图 8-6　供应商信息合成和抽取

(1) 根据街道地址信息获取城市地址(可利用 CONCATENATE 函数)和街道号码(可利用 MIDB、SEARCHB、LEN、LENB 等函数)。

(2) 根据城市邮编(合成)信息获取城市名称(可利用 LEFT、LENB、LEN 等函数)和邮政编码(可利用 RIGHT、LENB、LEN 等函数)。

(3) 根据区号电话号码(合成)信息获取区号(可利用 LEFT、FIND 等函数)和市话号码(可利用 RIGHT、FIND、LEN 等函数)。

(4) 根据街道地址和电话号码信息获取位于开发区的供应商电话号码(可利用 IF、ISERROR、SEARCH 或 FIND 等函数。可利用信息函数 ISERROR 判断指定值是否为错误值,因为如果 SEARCH 或 FIND 函数在 C 列指定单元格中找不到要查找的文本"开发区",将返回错误值♯VALUE!,而不是显示空或者逻辑值 TRUE、FALSE)。

操作提示:

(1) 可参考课本【例 4-2-7】文本函数应用示例完成本实验。

(2) 可以利用 CONCATENATE 函数,根据城市(B 列)和街道地址(C 列)信息获取城市地址(D 列)。

(3) 可以利用 MIDB 函数、SEARCHB 函数、LEN 函数以及 LENB 函数,根据街道地址(C 列)信息获取街道号码。

(4) 可以利用 LEFT 函数、LENB 函数以及 LEN 函数,根据城市邮编(F 列)信息获取城市名称(G 列)。

(5) 可以利用 RIGHT 函数、LENB 函数以及 LEN 函数,根据城市邮编(F 列)信息获取邮政编码(H 列)。

(6) 可以利用 LEFT 函数和 FIND 函数,根据电话号码(I 列)信息获取区号(J 列)。

(7) 可以利用 RIGHT 函数、FIND 函数以及 LEN 函数,根据电话号码(I 列)信息获取市话号码(K 列)。

(8) 可以利用 IF 函数、ISERROR 函数、SEARCH 函数或 FIND 函数,根据街道地址(C 列)和电话号码(I 列)信息获取位于开发区的供应商电话号码(L 列)。

7. 数学函数、统计函数以及数组公式等的应用。打开"sy8-7 学习成绩表.xlsx"文件,分别利用四种方法(COUNTIF／COUNTIFS、数组公式和 SUM 以及 IF 配合、数组公式和 SUM 以及 * 配合、SUMPRODUCT),完成以下操作要求,最终结果如图 8-7 所示。

	A	B	C	D	E	F	G	H	I
1				学生学习情况表					
2	学号	姓名	性别	班级	大学语文	高等数学	公共英语	总分	平均分
3	B13121501	宋平平	女	一班	87	90	97	274	91
4	B13121502	王丫丫	女	一班	93	92	90	275	92
5	B13121503	董华华	男	二班	53	67	93	213	71
6	B13121504	陈燕燕	女	二班	95	89	78	262	87
7	B13121505	周萍萍	女	一班	87	74	84	245	82
8	B13121506	田一天	男	一班	91	74	84	249	83
9	B13121507	朱洋洋	女	一班	58	55	67	180	60
10	B13121508	吕文文	男	二班	78	77	55	210	70
11	B13121509	舒齐齐	女	二班	69	95	99	263	88
12	B13121510	范华华	女	二班	93	95	98	286	95
13	B13121511	赵霞霞	女	一班	79	86	89	254	85
14	B13121512	阳一昆	男	一班	51	41	55	147	49
15	B13121513	翁华华	女	一班	93	90	94	277	92
16	B13121514	金依珊	男	二班	89	80	76	245	82
17	B13121515	李一红	男	二班	95	86	88	269	90

	方法1: COUNTIF(S)			方法1: COUNTIFS	
19					
20	平均分	人数	百分比	优秀女生	4
21	90~100	5	33.3%	优秀男生	1
22	80~89	6	40.0%		
23	70~79	2	13.3%		
24	60~69	1	6.7%		
25	<60	1	6.7%		
26					
27	方法2: SUM、IF			方法2: SUM、IF	
28	80~89	6		优秀女生	4
29	70~79	2		优秀男生	1
30	60~69	1			
31	<60	1			
32					
33	方法3: SUM*			方法3: SUM*	
34	80~89	6		优秀女生	4
35	70~79	2		优秀男生	1
36	60~69	1			
37					
38	方法4: SUMPRODUCT			方法4: SUMPRODUCT	
39	80~89	6		优秀女生	4
40	70~79	2		优秀男生	1
41	60~69	1			

图 8-7 学习成绩统计表

(1) 统计 90—100 分、80—89 分、70—79 分、60—69 分以及小于 60 分的各分数段的人数,并计算出占班级人数的百分比。

(2) 分别统计两个班的优秀(平均分＞＝90)男生人数、优秀女生人数。

操作提示:

可参考课本【例 4-2-3】数学函数(SUM、SUMPRODUCT、ROUND)、逻辑函数(IF)、统计函数(COUNTIF、COUNTIFS)以及数组公式的应用示例完成本实验。

8. 数学函数、统计函数、逻辑函数、日期与时间函数(SUM、IF、MONTH、COUNTIF 等)以及数组公式的应用。打开"sy8-8 产品清单.xlsx"文件,完成以下操作要求,最终结果如图 8-8 所示。

(1) 计算库存剩余量(要求利用数组公式),结果置于 K2:K40 单元格区域中。

(2) 统计库存商品的总金额(保留一位小数),结果置于单元格 N2 中。

(3) 统计海鲜 2 月份的订购总量,结果置于单元格 N3 中。

(4) 统计点心和饮料的订购总金额,结果置于单元格 N4 中。

(5) 统计等级分类总数,结果置于单元格 N6 中。

	A	B	C	D	E	F	G	H	I	J	K	L	M	N
	产品ID	产品名称	供应商	类别	等级	单位数量	单价	库存量	订购量	订购日期	剩余库存量			
1														
2	1	苹果汁	佳佳乐	饮料	3	每箱24瓶	¥151.90	39	10	2014/2/15	29		库存商品总金额	¥ 72,451.8
3	2	牛奶	佳佳乐	饮料	3	每箱24瓶	¥48.00	17	25	2014/6/10	-8		海鲜2月份订购总量	40
4	3	蕃茄酱	佳佳乐	调味品	6	每箱12瓶	¥64.00	13	25	2014/3/20	-12		点心和饮料订购总金额	¥ 5,934.0
5	4	盐	康富食品	调味品	5	每箱12瓶	¥22.00	53	0	2014/2/17	53			
6	6	酱油	妙生	调味品	1	每箱12瓶	¥79.00	120	25	2014/6/23	95		等级分类总数	10
7	7	海鲜粉	妙生	特制品	9	每箱30盒	¥30.00	15	10	2014/3/20	5			
8	8	胡椒粉	妙生	调味品	1	每箱30盒	¥40.00	6	0	2014/2/15	6			
9	9	鸡	为全	肉/家禽	5	每袋500克	¥78.80	29	0	2014/4/25	29			
10	10	蟹	为全	海鲜	5	每袋500克	¥158.00	31	0	2014/5/17	31			
11	12	德国奶酪	日正	日用品	7	每箱12瓶	¥178.00	86	0	2014/6/10	86			

N6 单元格公式:{=SUM(1/COUNTIF(E2:E40, E2:E40))}

图 8-8 产品清单统计结果

操作提示:

(1) 计算库存剩余量的数组公式为:{＝H2:H40－I2:I40}。

(2) 统计库存商品总金额的数组公式为:{＝SUM(G2:G40 * H2:H40)}。

(3) 统计海鲜 2 月份订购总量的数组公式为:{＝SUM(IF((D2:D40＝"海鲜") * (MONTH(J2:J40)＝2), I2:I40, 0))}。

(4) 统计点心和饮料订购总金额的数组公式为:{＝SUM(IF((D2:D40＝"点心")＋(D2:D40＝"饮料"),G2:G40 * I2:I40))}。

(5) 统计等级分类总数的公式为:{＝SUM(1/COUNTIF(E2:E40, E2:E40))}。

9. 数学函数和统计函数的应用。打开"sy8-9 学生成绩统计.xlsx"文件,利用 FREQUENCY、COUNT 等函数,统计学生成绩各分数段的人数和百分比。注意,为了使用 FREQUENCY 函数统计数值在区域内的出现频率,需要重新整理分数段(置于 H1:H8 数据区域)。最终结果如图 8-9 所示。

操作提示:

(1) 统计学生成绩各分数段人数的数组公式为:{＝FREQUENCY(B2:B68, H2:H8)}。

(2) F2 单元格中统计学生成绩各分数段百分比的公式为：=E2/COUNT($B$2:$B$68)。

E2 {=FREQUENCY(B2:B68,H2:H8)}

	A	B	C	D	E	F	G	H
1	学号	数学		分数段	人数	百分比		分数段
2	S01001	81		40以下	1	1%		39
3	S01002	56		49~40	1	1%		49
4	S01003	80		59~50	3	4%		59
5	S01004	79		69~60	8	12%		69
6	S01005	74		79~70	15	22%		79
7	S01006	68		89~80	22	33%		89
8	S01007	90		99~90	16	24%		99
9	S01008	95		100	1	1%		

图 8-9 学生成绩统计结果

	A	B	C	D	E
1	学号	语文	数学	总分	名次
2	S01001	94	95	189	1
3	S01002	90	94	184	3
4	S01003	50	75	125	10
5	S01004	69	70	139	8
6	S01005	64	72	136	9
7	S01006	93	94	187	2
8	S01007	73	67	140	7
9	S01008	89	61	150	6
10	S01009	91	87	178	4
11	S01010	63	88	151	5
12					
13	第四名总分			178	
14	倒数第四名总分			140	
15	语文中间成绩			81	
16	出现次数最多的分数			94	

图 8-10 学生成绩排名结果

10. 数学函数和统计函数的应用。打开“sy8-10 学生成绩排名.xlsx”,利用 RANK、LARGE、SMALL、MEDIAN 以及 MODE 等函数,统计语文数学的总分、名次、第四名总分、倒数第四名的总分、语文中间成绩以及语文和数学成绩中出现次数最多的分数。实验结果如图 8-10 所示。

操作提示:

(1) E2 单元格中按总分统计学生排名的公式为：=RANK(D2,$D$2:$D$11)。

(2) 计算第四名总分的公式为：=LARGE(D2:D11,4)或者=SMALL(D2:D11,7)。

(3) 计算倒数第四名总分的公式为：=SMALL(D2:D11,4)或者=LARGE(D2:D11,7)。

(4) 计算语文中间成绩的公式为：=MEDIAN(B2:B11)。

(5) 计算出现次数最多的分数的公式为：=MODE(B2:C11)。

11. 查找与引用函数(ROW、INDIRECT)、统计函数(LARGE、SMALL)、数学函数(ABS)以及数组公式和数组常量的应用。在“sy8-11 产品信息.xlsx”中,存放着 20 种产品的单价、库存量、订购量等信息。请完成以下操作要求,结果如图 8-11 所示。

(1) 请利用数组公式和数组常量,并根据两种方案调整产品的单价、库存量、订购量。

① 单价降低 2 元,库存量和订购量分别增加 5 和 8,调整后的信息存放于数据区域 F2:H21 中。

② 单价降低 10%,库存量和订购量分别增加 20%和 30%,调整后的信息参照样张存放于数据区域 I2:K21 中。

(2) 利用 LARGE 函数以及 ROW 和 INDIRECT 函数,分别统计单价、库存量、订购量最高的前三种产品的信息,存放于数据区域 C23:E25 中。

(3) 利用 SMALL 函数以及数组公式和数组常量,分别统计单价、库存量、订购量最低的三种产品的信息,存放于数据区域 C26:E28 中。

(4) 利用 LARGE 函数以及数组公式和数组常量,统计排名前三的剩余库存量(库存量-订购量),存放于数据区域 C30:E32 中。

	A	B	C	D	E	F	G	H	I	J	K
1	产品名称	单位数量	单价	库存量	订购量	单价1	库存量1	订购量1	单价2	库存量2	订购量2
2	苹果汁	每箱24瓶	¥151.90	39	10	¥149.90	44	18	¥136.71	47	13
3	牛奶	每箱24瓶	¥48.00	17	25	¥46.00	22	33	¥43.20	20	33
4	蕃茄酱	每箱12瓶	¥64.00	13	25	¥62.00	18	33	¥57.60	16	33
5	盐	每箱12瓶	¥22.00	53	2	¥20.00	58	10	¥19.80	64	3
6	酱油	每箱12瓶	¥79.00	120	25	¥77.00	125	33	¥71.10	144	33
7	海鲜粉	每箱30盒	¥30.00	15	10	¥28.00	20	18	¥27.00	18	13
8	胡椒粉	每箱30盒	¥40.00	6	7	¥38.00	11	15	¥36.00	7	9
9	鸡	每袋500克	¥78.80	29	9	¥76.80	34	17	¥70.92	35	12
10	蟹	每袋500克	¥158.00	31	30	¥156.00	36	38	¥142.20	37	39
11	德国奶酪	每箱12瓶	¥178.00	86	50	¥176.00	91	58	¥160.20	103	65
12	民众奶酪	每袋6包	¥40.90	22	110	¥38.90	27	118	¥36.81	26	143
13	龙虾	每袋500克	¥185.00	24	5	¥183.00	29	13	¥166.50	29	7
14	沙茶	每箱12瓶	¥23.25	35	32	¥21.25	40	40	¥20.93	42	42
15	味精	每箱30盒	¥3.50	39	5	¥1.50	44	13	¥3.15	47	7
16	饼干	每箱30盒	¥17.45	29	10	¥15.45	34	18	¥15.71	35	13
17	墨鱼	每袋500克	¥62.50	42	40	¥60.50	47	48	¥56.25	50	52
18	猪肉	每袋500克	¥39.00	10	5	¥37.00	15	13	¥35.10	12	7
19	糖果	每箱30盒	¥9.20	40	5	¥7.20	30	14	¥8.28	30	8
20	桂花糕	每箱30盒	¥81.00	40	39	¥79.00	45	47	¥72.90	48	51
21	糯米	每袋3公斤	¥21.00	104	25	¥19.00	109	33	¥18.90	125	33

(a) 产品信息调整

		C	D	E
23	单价、库存量、订	¥185.00	120	110
24	购量最高的三种产	¥178.00	104	50
25	品数据	¥158.00	86	40
26	单价、库存量、订	¥3.50	6	2
27	购量最低的三种产	¥9.20	10	5
28	品数据	¥17.45	13	5
29				
30	排名前三的剩余库		95	
31	存量		79	
32			51	
33	排名后三的剩余库		-88	
34	存量		-12	
35			-8	
36	库存量订购量相差		95	
37	最多的前三种产品		88	
38	的差值		79	

(b) 产品统计结果

图 8-11 产品信息统计

（5）利用 SMALL 函数以及数组公式和数组常量，统计排名后三的剩余库存量，存放于数据区域 C33:E35 中。

（6）利用 LARGE 函数、ABS 函数以及数组公式和数组常量，统计库存量订购量相差最多的三种产品的差值信息，存放于数据区域 C36:E38 中。

操作提示：

可参考课本【例 4-2-9】，并利用查找与引用函数（ROW、INDIRECT）、统计函数（LARGE、SMALL）、数学函数（ABS）以及数组公式和数组常量完成本实验。

12. 财务函数的应用（PMT 函数）。在"sy8-12 购车贷款.xlsx"中，记录着王先生欲从银行贷款买车的信息。总车价为 30 万元，贷款利率为 6.5%，分 10 年还清，计算每月还给银行的贷款数额以及总还款额（假定每次为等额还款，还款时间为每月月初）。实验结果如图 8-12 所示。

B4	:	× ✓	f_x	=PMT(B2/12,B3*12,B1,0,1)

	A	B
1	总车款额	¥300,000.00
2	贷款年利率	6.50%
3	还款时间（年）	10
4	每月还款数额（期初）	¥-3,388.09
5	总还款额	¥-406,570.46

图 8-12 买车贷款结果

操作提示:

利用 PMT 函数,注意给定的贷款利率是年利率,需除以 12 转换为月利率;给定的还款时间是年,需乘以 12 转换为月。还要注意是月初还款。

B4		× ✓ fx	=PMT(B2/12,B3*12,0,B1)
	A		B
1	期望存款总金额		¥1,000,000
2	存款年利率		5.6%
3	存款时间(年)		20
4	每月存款额		¥-2,268.81

图 8-13 定额存款结果

13. 财务函数的应用(PMT 函数)。在"sy8-13 定额存款.xlsx"中,记录着小李夫妻俩欲为他们的孩子按月定额存款的信息。夫妻俩希望在 20 年后存款总金额达到 100 万元,假设存款年利率为 5.6%,计算他们每月的存款额。实验结果如图 8-13 所示。

操作提示:

利用 PMT 函数,注意给定的存款利率是年利率,需除以 12 转换为月利率;给定的存款时间是年,需乘以 12 转换为月。

14. 财务函数的应用(FV 函数)。在"sy8-14 购房存款.xlsx"中,记录着张先生存款积累资金以购置住房的情况。假设存款年利率为 5.8%,每月月初存入 5 000 元。张先生今年 25 岁,请问到他 35 岁时,共有多少存款。实验结果如图 8-14 所示。

B4		× ✓ fx	=FV(B2/12,B3*12,B1,0,1)
	A		B
1	月初存款		¥-5,000
2	存款年利率		5.8%
3	存款时间(年)		10
4	存款总额		¥814,481.29

图 8-14 购房存款结果

操作提示:

利用 FV 函数,注意给定的存款利率是年利率,需除以 12 转换为月利率;给定的存款时间是年,需乘以 12 转换为月。还要注意是月初存款。

	A	B	C	D	E	F	G	H
1	学号	语文	等级1	等级2	等级3		五级制成绩的评定条	
2	S01001	94	优	优	优		>=90	优
3	S01002	84	良	良	良		80~89	良
4	S01003	50	不及格	不及格	不及格		70~79	中
5	S01004	69	及格	及格	及格		60~69	及格
6	S01005	64	及格	及格	及格		<60	不及格
7	S01006	74	中	中	中			
8	S01007	73	中	中	中		0	不及格
9	S01008	74	中	中	中		60	及格
10	S01009	51	不及格	不及格	不及格		70	中
11	S01010	63	及格	及格	及格		80	良
12	S01011	77	中	中	中		90	优
13	S01012	82	良	良	良			

图 8-15 学生成绩五级制等级

15. 查找与引用函数、数学函数、逻辑函数(VLOOKUP、INDEX、MATCH、CHOOSE、INT、TRUNC、IF)等的应用。打开"sy8-15 学生成绩等级.xlsx"文件,分别利用:(1) VLOOKUP 函数;(2) INDEX 函数和 MATCH 函数;(3) CHOOSE 函数、INT 函数和 IF 函数,确定学生百分制的课程分数所对应的五级制(优、良、中、及格、不及格)评定等级,结果分别置于 C2:C31、D2:D31、E2:E31 数据区域。实验结果如图 8-15 所示。

操作提示:

(1) 为了使用 VLOOKUP 函数,需要调整成绩等级评定条件的格式(置于 G8:H12 数据区域),以确保包含数据的单元格区域第一列中的值按升序排列。

(2) 为了使用 CHOOSE 函数,如果成绩<60 对应于序号 1,则需要利用 INT 函数将成绩区间 60—69、70—79、80—89、90—100 分别转换为 2、3、4、5。

(3) C2 单元格中利用 VLOOKUP 函数评定等级的公式为:= VLOOKUP(B2, $ F

$8:$G$12,2)。

(4) D2 单元格中利用 INDEX 函数和 MATCH 函数评定等级的公式为：＝INDEX($H$8:$H$12,MATCH(B2,$G$8:$G$12,1))。

(5) E2 单元格中利用 CHOOSE 函数、INT 函数和 IF 函数评定等级的公式为：＝CHOOSE(IF(B2＜60,1,INT((B2－50)／10)＋1),"不及格","及格","中","良","优")。

16. 查找与引用函数、数学函数(VLOOKUP、LOOKUP、ROUND)等的应用。打开"sy8-16 党费和补贴.xlsx"文件，利用 VLOOKUP 函数、LOOKUP 函数、ROUND 等函数，计算有固定工资收入的党员每月所交纳的党费(四舍五入保留两位小数)和补贴金额。月工资收入 400 元以下者，交纳月工资总额的 0.5%；月工资收入 400 元到 599 元者，交纳月工资总额的 1%；月工资收入在 600 元到 799 元者，交纳月工资总额的 1.5%；月工资收入在 800 元到 1 499 元者(税后)，交纳月工资收入的 2%；月工资收入在 1 500 元及以上(税后)者，交纳月工资收入的 3%。补贴金额视不同的补贴类型而不同，要求分别利用 VLOOKUP 函数和 LOOKUP 函数计算补贴金额，结果分别置于 E3:E16 和 F3:F16 数据区域。实验结果如图 8-16 所示。

	A	B	C	D	E	F	G	H	I	J	K	L
1	第一车间党员党费收缴表和补贴情况											
2	姓名	工资	党费	补贴类型	补贴金额1	补贴金额2		党费费率表			补贴分类表	
								工资	党费费率		补贴类型	补贴金额
3	金士鹏	¥ 624	¥ 9.36	2	¥ 800	¥ 800		<400	0.5%		1	¥1,000
4	李芳	¥ 848	¥16.96	1	¥ 1,000	¥ 1,000		400~599	1%		2	¥ 800
5	郑一洁	¥3,078	¥92.34	3	¥ 600	¥ 600		600~799	1.5%		3	¥ 600
6	刘英玫	¥ 768	¥11.52	4	¥ 500	¥ 500		800~1499	2%		4	¥ 500
7	王小毛	¥1,195	¥23.90	2	¥ 800	¥ 800		>=1500	3%			
8	孙林	¥1,357	¥27.14	4	¥ 500	¥ 500						
9	王伟	¥ 349	¥ 1.75	1	¥ 1,000	¥ 1,000						
10	张雪眉	¥ 498	¥ 4.98	1	¥ 1,000	¥ 1,000		党费费率表				
11	张颖	¥ 873	¥17.46	3	¥ 600	¥ 600		工资	党费费率			
12	赵军	¥2,082	¥62.46	1	¥ 1,000	¥ 1,000		0	0.5%			
13	郑建杰	¥ 395	¥ 1.98	4	¥ 500	¥ 500		400	1%			
14	吴依依	¥ 591	¥ 5.91	2	¥ 800	¥ 800		600	1.5%			
15	沈伶俐	¥ 666	¥ 9.99	4	¥ 500	¥ 500		800	2%			
16	张王明	¥ 888	¥17.76	3	¥ 600	¥ 600		1500	3%			

图 8-16　党费收缴和补贴结果

操作提示：

(1) 为了使用 VLOOKUP 函数，需要调整党费费率表的格式(置于 H10:I16 数据区域)，以确保包含数据的单元格区域第一列中的值按升序排列。

(2) C3 单元格中计算党员每月所交纳党费(结果保留两位小数)的公式为：＝ROUND(VLOOKUP(B3,$H$10:$I$14,2)＊B3,2)。

(3) E3 单元格中利用 VLOOKUP 函数计算党员补贴金额的公式为：＝VLOOKUP(D3,$K$4:$L$7,2)。

(4) F3 单元格中利用 LOOKUP 函数计算党员补贴金额的公式为：＝LOOKUP(D3,$K$4:$K$7,$L$4:$L$7)。

17. 查找与引用函数(INDEX、MATCH 等)的应用。打开"sy8-17 学生成绩查询器.xlsx"文件，设计两个学习成绩查询器，分别根据姓名和课程查询成绩以及根据学号和课程查询成绩。请利用数据有效性设置查询条件(姓名、学号、课程)下拉列表框。当在学习成绩查询器中利用下拉列表选择姓名、课程，或者学号、课程时，将自动显示其所对应的成绩(可利用 INDEX 函数、MATCH 等函数)。实验结果如图 8-17 所示。

	A	B	C	D	E	F	G	H
1	学号	姓名	语文	数学	英语		学习成绩查询器1	
2	S501	宋平平	87	90	97		姓名	王丫丫
3	S502	王丫丫	93	92	90		课程	语文
4	S503	董华华	53	67	93		成绩	93
5	S504	陈燕燕	95	89	78			
6	S505	周萍萍	87	74	84			
7	S506	田一天	91	74	84		学习成绩查询器2	
8	S507	朱洋洋	58	55	67		学号	S503
9	S508	吕文文	78	77	55		课程	数学
10	S509	舒齐齐	69	95	99		成绩	67
11	S510	范华华	93	95	98			
12	S511	赵霞霞	79	86	89			
13	S512	阳一昆	51	41	55			
14	S513	翁华华	93	90	94			
15	S514	金依珊	89	80	76			
16	S515	李一红	95	86	88			

图 8-17　学习成绩查询器结果

操作提示:

(1) 利用数据有效性设置姓名、学号、课程查询条件下拉列表框。注意,有效性条件中允许选择"序列",数据来源分别选择 $B$2:$B$16、$A$2:$A$16、$C$1:$E$1。

(2) H4 单元格中根据姓名和课程查询成绩的公式为:=INDEX($A$1:$E$16,MATCH(H2,$B$1:$B$16,0),MATCH(H3,$A$1:$E$1,0))。

(3) H10 单元格中根据学号和课程查询成绩的公式为:=INDEX($A$1:$E$16,MATCH(H8,$A$1:$A$16,0),MATCH(H9,$A$1:$E$1,0))。

实验 9

运用公式与函数的数据综合分析

实 验 目 的

1. 巩固对数值、文本、逻辑、日期与时间类型的数据的认识。

2. 能在实际数据环境中,灵活选择数学函数、逻辑函数、文本函数、日期与时间函数、查找函数等进行基本的数据处理。

3. 能灵活运用数组公式。

实 验 内 容

超市基本数据中包含了 A、B 两个超市的员工基本信息、供应商信息、进货、出货信息、员工上班和加班信息等,具体见"sy9-1 超市信息表.xlsx",如图 9-1 所示,完成分析后保存为"sy9-1 超市信息表 JG.xlsx"。

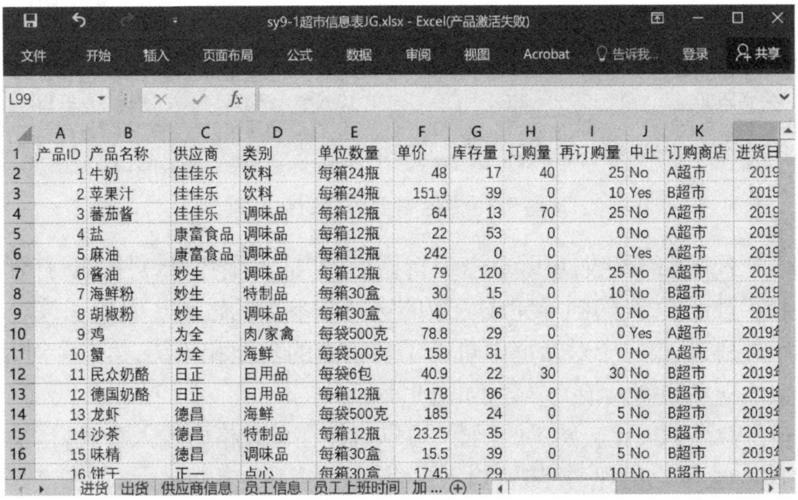

图 9-1　超市集体管理人员需要分析的原始数据

1. 超市"进货"表的数据分析。

"进货"表中已经有了"产品 ID"、"产品名称"、"供应商"、"类别"、"单位数量"、"单价"、"库存量"、"订购量"、"再订购量"、"中止"、"订购商店"和"进货日期"的 12 项信息,通过(1)—(5)的分析计算,最终会增加"是否需补货"、"未中止需补货"、"拆零数量"、"拆零单价"、"拆零单价四舍五入"、"拆零单价取整"、"增加后订购量"和"增加后再订购量"8 项内容,另外,再增加总体汇总信息和针对供应商的分析信息。

(1) 根据进货表中商品的库存量、订购量和再订购量,确定哪些商品需要补货,当库存量<订购量+再订购量时,该商品需要补货。本要求涉及逻辑函数(IF、AND)。

分析:可以通过计算与逻辑函数 IF 相结合,得到该种商品是否需要补货。

实现过程参考:

① 打开"sy9-1 超市信息表.xlsx"之后,另存为"sy9-1 超市信息表 JG.xlsx"。

② 在 M1 输入"是否需补货"的列标题。

③ 在 M2 输入公式:＝IF(G2＜H2＋I2,"需补货","")。

④ 按回车键后,选定该公式所在单元格,拖曳公式右下角的填充柄到 M78 单元格,便可以看到如图 9-2 的结果。

M2			×	✓	fx	=IF(G2<H2+I2,"需补货","")				
	D	E	单价	库存量	订购量	再订购量	中止	订购商店	进货日期	M
1	类别	单位数量	单价	库存量	订购量	再订购量	中止	订购商店	进货日期	是否需补货
2	饮料	每箱24瓶	48	17	40	25	No	A超市	2019年3月2日	需补货
3	饮料	每箱24瓶	151.9	39	0	10	Yes	B超市	2019年3月3日	
4	调味品	每箱12瓶	64	13	70	25	No	A超市	2019年3月4日	需补货
5	调味品	每箱12瓶	22	53	0	0	No	A超市	2019年3月5日	
6	调味品	每箱12瓶	242	0	0	0	Yes	A超市	2019年3月6日	
7	调味品	每箱12瓶	79	120	0	25	No	A超市	2019年3月7日	
8	特制品	每箱30盒	30	15	0	10	No	B超市	2019年3月8日	
9	调味品	每箱30盒	40	6	0	0	No	B超市	2019年3月9日	
10	肉/家禽	每袋500克	78.8	29	0	0	Yes	A超市	2019年3月10日	
11	海鲜	每袋500克	158	31	0	0	No	A超市	2019年3月11日	
12	日用品	每袋6包	40.9	22	30	30	No	B超市	2019年3月12日	需补货
13	日用品	每箱12瓶	178	86	0	0	No	B超市	2019年3月13日	
14	海鲜	每袋500克	185	24	0	5	No	B超市	2019年3月14日	
15	特制品	每箱12瓶	23.25	35	0	0	No	B超市	2019年3月15日	
16	调味品	每箱30盒	15.5	39	0	5	No	B超市	2019年3月16日	
17	点心	每箱30盒	17.45	29	0	10	No	B超市	2019年3月17日	
18	肉/家禽	每袋500克	39	0	0	0	Yes	B超市	2019年3月18日	

进货　出货　供应商信息　员工信息　员工上班时间...

图 9-2　是否需要补货的结果

提示:对于不熟悉的函数,可以单击编辑栏上的"插入函数(fx)"按钮,打开如图 9-3 所示的"插入函数"对话框,跟随向导完成函数的选择和参数的输入。函数在该对话框中分类别按字母顺序排列,从第一个对话框中可以了解函数的功能和语法,第二个对话框中,可以了解相关参数的含义和输入相关参数,如图 9-4 所示。

对于知道函数名称或比较熟悉的函数,可以直接在单元格中输入公式,当输入了函数名之后,相应的功能会随之出现,并随着输入过程出现相应的参数提示,如图 9-5 所示。通过利用提示,可以方便地完成函数的正确输入。

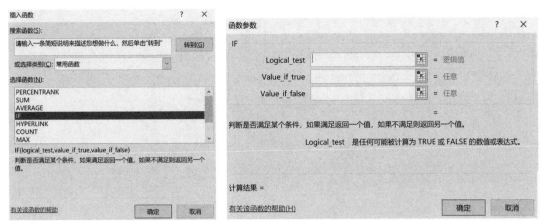

图 9-3 "插入函数"对话框之一　　　　　　图 9-4 "插入函数"对话框之二

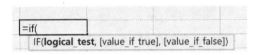

图 9-5　输入函数时系统出现的提示

本题中,对于已经中止进货的商品,即使库存量不够了,实际上也是不需要进货的,请在 N1 中输入"未中止需补货",并在 N2:N78 输入对应的公式获得相关需补货信息如图 9-6 所示。

N2			×	✓	f_x	=IF(AND(G2<H2+I2,J2="No"),"需补货","")				
▲	D	E	F	G	H	I	J	K	L	M	N
1	类别	单位数量	单价	库存量	订购量	再订购量	中止	订货商店	进货日期	是否需补货	未中止需补货
18	肉/家禽	每袋500克	39	0	0	0	Yes	B超市	2019年3月18日		
19	海鲜	每袋500克	62.5	42	0	0	No	B超市	2019年3月19日		
20	点心	每箱30盒	9.2	25	0	5	No	A超市	2019年3月20日		
21	点心	每箱30盒	81	40	0	0	No	A超市	2019年3月21日		
22	点心	每箱30包	10	3	40	5	No	A超市	2019年3月22日	需补货	需补货
23	谷类/麦片	每袋3公斤	21	104	0	25	No	B超市	2019年3月23日		
24	谷类/麦片	每袋3公斤	9	61	0	25	No	B超市	2019年3月24日		
25	饮料	每箱12瓶	4.5	20	0	0	Yes	B超市	2019年3月25日		
26	点心	每箱30盒	14	76	0	30	No	B超市	2019年3月26日		
27	点心	每箱30盒	31.23	15	0	0	No	B超市	2019年3月27日		
28	点心	每箱30包	58	49	0	30	No	B超市	2019年3月28日		
29	特制品	每箱12瓶	45.6	26	0	0	Yes	B超市	2019年3月29日		
30	肉/家禽	每袋3公斤	123.79	0	0	20	Yes	B超市	2019年3月30日	需补货	
31	海鲜	每袋3公斤	25.89	10	0	15	No	B超市	2019年3月31日	需补货	需补货
32	日用品	每箱12瓶	12.5	0	70	20	No	A超市	2019年4月1日	需补货	需补货
33	日用品	每箱12瓶	32	9	40	25	No	A超市	2019年4月2日	需补货	需补货
34	日用品	每箱12瓶	2.5	112	0	20	No	A超市	2019年4月3日		
35	饮料	每箱24瓶	14	111	0	15	No	A超市	2019年4月4日		

| ◀ ▶ | 进货 | 出货 | 供应商信息 | 员工信息 | 员工上班时间 | 加班记录 ... ⊕ |

图 9-6　未中止需补货结果

本题中用到了逻辑函数 IF,在"未中止需补货"的题目中还用了 AND 函数,并进行了嵌套。在函数嵌套时,先计算内层函数,并将运算结果作为外层函数的参数使用,如在本题中,先计算 AND 函数,再将结果作为 IF 的参数。

IF 函数的第一个参数和 AND 函数中的每个参数的运算结果都必须是 True 或 False 的

逻辑值。比较运算和逻辑运算的结果都可以获得逻辑值。比较运算要求参与比较的元素的数据类型相一致,即数值与数值比较,字符与字符比较。比较运算涉及的运算符及其说明如图 9-7 所示,数值、日期和字符等同一类型的数据通过相互比较,得到逻辑类型的数据。

	A	B	C	D	E
1		数值	日期	字符	
2		28	2019/8/2	ABC	
3		32	2019/9/1	abc	
4					
5	运算符	B2 运算符 B3	C2 运算符 C3	D2 运算符 D3	运算符含义
6	>	FALSE	FALSE	FALSE	大于
7	>=	FALSE	FALSE	TRUE	大于等于
8	<	TRUE	TRUE	FALSE	小于
9	<=	TRUE	TRUE	TRUE	小于等于
10	=	FALSE	FALSE	TRUE	等于
11	<>	TRUE	TRUE	FALSE	不等于

图 9-7　比较运算符及其说明举例

在超市信息文档的"进货"表中,有单价和单位数量,因此这个单价是按单位数量购买的价格,如果需要零售,则需要将单位数量再拆分,以便计算每个商品的成本。因此,需要增加两列"拆零数量"和"拆零单价"。

(2) 根据进货表中商品的单位数量,将具体的拆零数量列出,并根据"单价"和"拆零数量",计算出货物的"拆零单价",结果如图 9-8 所示。本例涉及文本函数 (MID、LEN、SEARCHB),数值函数(ROUND、INT)。

O2 ▼ : × ✓ fx =--MID(E2,(SEARCHB("?",E2)+1)/2,2*LEN(E2)-LENB(E2)

	A	B	C	D	E	F	O	P
1	产品ID	产品名称	供应商	类别	单位数量	单价	拆零数量	拆零单价
2	1	牛奶	佳佳乐	饮料	每箱24瓶	48	24	2
3	2	苹果汁	佳佳乐	饮料	每箱24瓶	151.9	24	6.329166667
4	3	蕃茄酱	佳佳乐	调味品	每箱12瓶	64	12	5.333333333
5	4	盐	康富食品	调味品	每箱12瓶	22	12	1.833333333
6	5	麻油	康富食品	调味品	每箱12瓶	242	12	20.16666667
7	6	酱油	妙生	调味品	每箱12瓶	79	12	6.583333333
8	7	海鲜粉	妙生	特制品	每箱30盒	30	30	1
9	8	胡椒粉	妙生	调味品	每箱30盒	40	30	1.333333333
10	9	鸡	为全	肉/家禽	每袋500克	78.8	500	0.1576
11	10	蟹	为全	海鲜	每袋500克	158	500	0.316
12	11	民众奶酪	日正	日用品	每袋6包	40.9	6	6.816666667
13	12	德国奶酪	日正	日用品	每箱12瓶	178	12	14.83333333
14	13	龙虾	德昌	海鲜	每袋500克	185	500	0.37
15	14	沙茶	德昌	特制品	每箱12瓶	23.25	12	1.9375
16	15	味精	德昌	调味品	每箱30盒	15.5	30	0.516666667
17	16	饼干	正一	点心	每箱30盒	17.45	30	0.581666667
18	17	猪肉	正一	肉/家禽	每袋500克	39	500	0.078

进货　出货　供应商信息　员工信息　员工...

图 9-8　获取拆零数量计算拆零单价

分析与解答:

本题中,拆零数量的来源是 E 列的"单位数量"中的数字,E 列中的数据包含了文本和数字,在 Excel 单元格中被理解为字符数据类型,现在需要从一个长度不一致的字符串中,取得中间任意位置上连续的长度不一致的数据,涉及了取子串、确定子串的起始位置、确定子串的长度这三个关键点。

① 取子串函数。

从一个包含多个字符的字符串中取得部分字符的函数包括从左边取、从右边取、从中间取,分别罗列如下:

● LEFT(text,[num_chars]):从一个文本字符串的第一个字符开始返回指定个数的字符。

● RIGHT(text, [num_chars]):从一个文本字符串的最后一个字符开始返回指定个数的字符。

● MID(text, start_num,num_chars):从一个文本字符串的指定的起始位置起返回指定长度的字符。

以上函数的参数中,[]内的是可以省略的部分,省略后,默认值为1。

本例中需要取到的数字部分在字符串的中间,所以选择 MID 函数来实现。

对应于按字符个数取子串的这三个函数,还有按字节个数取子串的 LEFTB、RIGHTB 和 MIDB 函数,根据汉字内码的存储特点,一个汉字对应着两个字节、一个字符,一个 ASCII 字符则对应着一个字节、一个字符。

② 搜索字符函数。

要找到需要获取的字符的位置,可以使用搜索字符的函数,搜索字符的函数包括如下:

● SEARCH(find_text,within_text,[start_num]):返回一个指定字符或文本字符串在字符串中第一次出现的位置,从左到右查找(忽略大小写)。

● FIND(find_text,within_text,[start_num]):返回一个字符串在另一个字符串中出现的起始位置(区分大小写)。

以上这两个函数同样有对应的 SEARCHB 和 FINDB 函数,用于针对按字节查找半角字符所在位置。另外,SEARCH 和 SEARCHB 函数的参数中还可以使用通配符"?"来代表需要查找的任意一个字符,正好符合本例中需要查找任意半角的数字的起始位置的需要,本例中使用=SEARCHB("?",E2),得到 E2 中数字的起始位置为5,由于 SEARCHB 函数是按字节查找,一个汉字是两个字节,数字在第 3 个字符,第 5 个字节的位置。通过对查找结果加1除以2,就正好得到数字字符所在的位置3。

③ 计算字符长度函数。

由于需要获取的数字字符长度不统一,需要通过计算获得字符长度,这类函数包括:

● LEN(text):返回字符串中的字符个数。

这个函数也有对应的 LENB 函数,用于返回字符串对应的字节数。

本例中 LEN(E2)的计算结果是获得 E2 单元格的字符个数,LENB(E2)的计算结果是获得 E2 单元格内容的字节数,由于一个汉字两个字节,其结果就是 2 倍的汉字数+1 倍的数字数,而 2∗LEN(E2)的结果是 2 倍的汉字数+2 倍的数字数,相减后得到数字个数。

最后使用=MID(E2,(SEARCHB("?",E2)+1)/2,2∗LEN(E2)−LENB(E2)),可以得到 E2 单元格中的数字字符,通过对函数结果用双减法(－－)运算,将单元格中的字符类数据转换为数值类数据,便于后面用于算术运算。

④ 计算并格式化拆零单价。

使用公式:=单价/拆零数量,便能得到拆零单价,但得到的数据精度不一样,如果需要统一保留 2 位小数,可以使用 ROUND 函数进行四舍五入,或者使用 INT( )函数向下取整。这两个函数的格式及说明如下:

- ROUND(number,num_digits):按指定的位数对数值进行四舍五入。
- INT(number):将数值向下取整为最接近的整数。

图 9-9 所示为使用这两个函数使拆零单价成为保留 2 位小数后的结果。

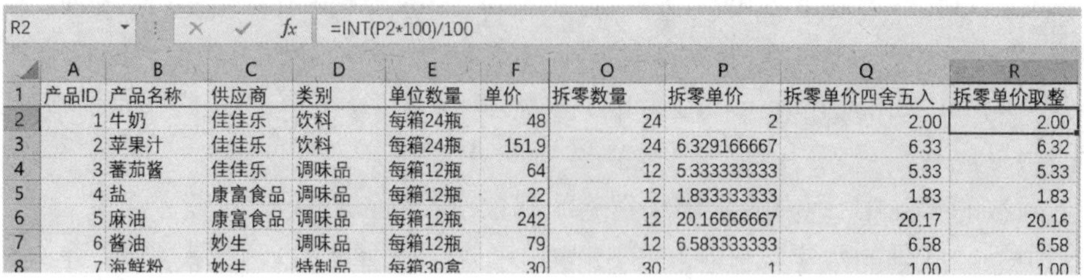

R2			f_x	=INT(P2*100)/100					
	A	B	C	D	E	F	O	P	Q	R
1	产品ID	产品名称	供应商	类别	单位数量	单价	拆零数量	拆零单价	拆零单价四舍五入	拆零单价取整
2	1	牛奶	佳佳乐	饮料	每箱24瓶	48	24	2	2.00	2.00
3	2	苹果汁	佳佳乐	饮料	每箱24瓶	151.9	24	6.329166667	6.33	6.32
4	3	蕃茄酱	佳佳乐	调味品	每箱12瓶	64	12	5.333333333	5.33	5.33
5	4	盐	康富食品	调味品	每箱12瓶	22	12	1.833333333	1.83	1.83
6	5	麻油	康富食品	调味品	每箱12瓶	242	12	20.16666667	20.17	20.16
7	6	酱油	妙生	调味品	每箱12瓶	79	12	6.583333333	6.58	6.58
8	7	海鲜粉	妙生	特制品	每箱30盒	30	30	1	1.00	1.00

图 9-9　拆零单价不同的舍去方法

由于 INT 函数是向下取整,为了保留 2 位小数,先乘以 100,取整后再除以 100。这也可以使用 ROUNDDOWN 函数直接实现向下舍入,而 ROUNDUP 函数是用于向上舍入,都可以指定保留的小数位数。

利用函数,可以设置舍去数据的方式,但显示时会根据数据的情况按默认方式显示,比如小数点后面的 0,默认是不显示出来的,如果希望能统一显示到小数点后面 2 位,则需要使用 Excel 的数据格式进行设置。

(3) 利用进货表中的信息,分析进这批货物中最贵商品的单价、最便宜商品的单价、所有商品的总价、商品数量、供应商类别数和商品类别数,效果如图 9-10 所示。本例涉及数值函数(MAX、MIN、SUM、SUMPRODUCT),统计函数(COUNTA、COUNTIF)。

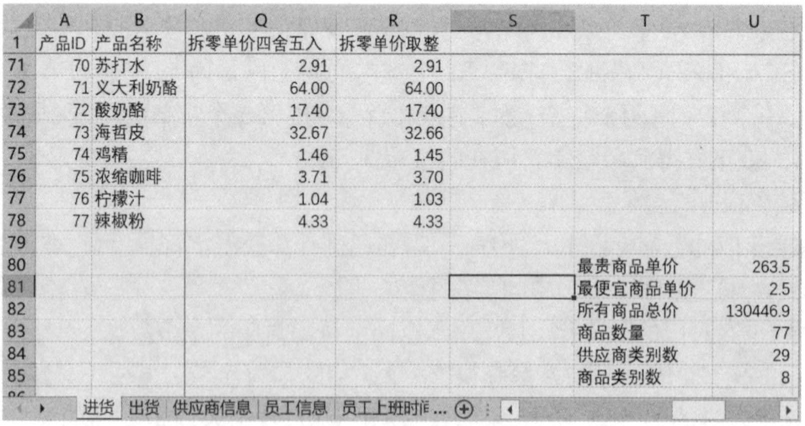

	A	B	Q	R	S	T	U
1	产品ID	产品名称	拆零单价四舍五入	拆零单价取整			
71	70	苏打水	2.91	2.91			
72	71	义大利奶酪	64.00	64.00			
73	72	酸奶酪	17.40	17.40			
74	73	海哲皮	32.67	32.66			
75	74	鸡精	1.46	1.45			
76	75	浓缩咖啡	3.71	3.70			
77	76	柠檬汁	1.04	1.03			
78	77	辣椒粉	4.33	4.33			
79							
80						最贵商品单价	263.5
81						最便宜商品单价	2.5
82						所有商品总价	130446.9
83						商品数量	77
84						供应商类别数	29
85						商品类别数	8

进货　出货　供应商信息　员工信息　员工上班时作...

图 9-10　对进货表的总体分析

分析与解答:

在进行数据分析运算时,当遇到数据量比较大,又有一定规律的运算时,用数组运算的方式可以带来事半功倍的效果。

① 确定放置分析结果的位置。

为了方便对原始表格行、列的扩充,可以把分析结果表放置在单独的工作表中,也可以放置在原始表右下角的位置,并在行和列方向与原始表之间都有一个空行。

② 设定区域名称方便计算。

最贵和最便宜商品单价都是针对单价所在列进行统计,为了方便计算,可以将 F2:F78 命名为"单价",商品数量是通过对 B 列的内容进行计数得到,可以将 B2:B78 命名为"商品",供应商类别和商品类别分别对应着 C 和 D 两列内容,可以将 C2:C78 区域命名为"供应商",将 D2:D78 区域命名为"类别"。

选定需要命名的 B1:D78 区域,单击"公式"菜单,并在打开的选项卡中单击"根据所选内容创建"按钮,如图 9-11 所示,然后出现相应对话框,如图 9-12 所示,选择"首行"复选框,并单击"确定"按钮,便将选定区域的第一行内容,作为下面区域的名称。

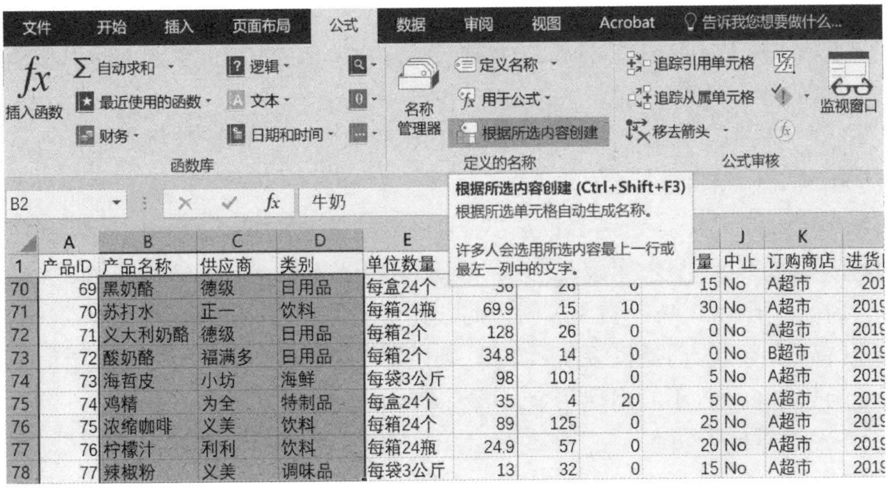

图 9-11　根据所选内容创建命名

使用类似方法,可以命名 F2:F78 为"单价",G2:G78 为"库存量"。

如果需要修改、删除已经命名的区域范围或名称,可以单击"公式"选项卡中的"名称管理器"按钮,本例中,会显示如图 9-13 所示的对话框,选定需要编辑的名称行后,单击"编辑"按钮,可以打开编辑修改对话框。本例中,可以把"产品名称"改为"商品"。

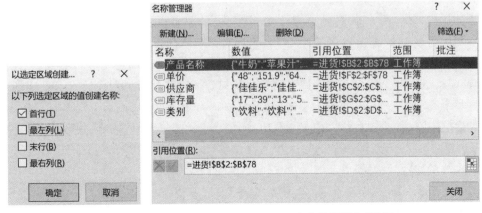

图 9-12　"以选定区域创建命名"对话框

图 9-13　"名称管理器"对话框

③ 一般统计分析。

最贵商品单价就是单价的最大值,因此在 U80 单元格中输入公式：=MAX(单价)。

最便宜商品单价就是单价的最小值,在 U81 单元格中输入公式：=MIN(单价)。

商品数量可以通过对产品名称进行计数得到,可以使用对单元格非空内容计数的函数 COUNTA( ),在 U83 单元格输入公式：=COUNTA(商品)。

④ 分析总价的两种方法。

所有商品的总价是每个商品价格之和,而每个商品的价格则是商品的单价×库存量。由于商品数量比较多,即使用 SUM 函数,77 个参数的数据量也十分巨大,会造成效率低下。因此可以使用以下两种方法之一来提高计算效率。

● 使用 SUMPRODUCT 函数。

SUMPRODUCT(array1,[array2],[array3],…)：返回相应的数组或区域成绩的和,是一种数组运算的公式。

在 U82 单元格中可以输入公式：=SUMPRODUCT(F2:F78 * G2:G78)

● 使用 SUM( )结合数组公式。

对于默认不能对数组进行运算的公式,通过数组公式的输入,便可以实现对数组的运算。本例在 U82 单元格中,输入公式：=SUM(F2:F78 * G2:G78),然后按〈Ctrl〉+〈Shift〉+〈Enter〉组合键,可以看到编辑栏的公式变成了{=SUM(F2:F78 * G2:G78)}。

如果没有按组合键,而是直接按回车键,则运算结果是♯VALUE! 的出错信息,原因就是 SUM( )函数的参数是不能出现两个区域相乘的。

⑤ 分析种类数的方法。

供应商类别数和商品类别数是针对供应商所在的 C 列和类别所在的 D 列进行统计。这两列的内容都存在着重复,因此不能使用 COUNTA( )函数直接进行计数。以对供应商类别数进行统计为例,可以在 U84 单元格中输入数组公式：{=SUM(1/COUNTIF(C2:C78,C2:C78))}。为了方便对该公式的理解,这里以图 9-14 所示的简单数据为例,来看如何统计图中字母的类别数。

图中有字母 a、b、c 三种类型,统计所用的公式与本例 U84 中所用的公式相类似。选定公式所在的 A8 单元格后,单击"公式"选项卡中的"公式求值"命令,显示如图 9-15 所示的"公式求值"对话框,对话框中显示的下划线的地方,便是接下来需要计算的地方,这里是 COUNTIF(A1:A6,A1:A6),这是一个条件计数函数,依次将 A1 到 A6 单元格的内容与 A1 到 A6 单元格中的内容相比较,当相同时计 1 并相加,因此,统计后实际可以得到数组：{2;2;1;3;3;3},这是一个 6 行 1 列的数组常数,与 A1:A6 中的字符相对应,由于"a"出现 2 次,因此有 2 个 2,"b"出现过 1 次,得到 1,"c"出现过 3 次,因此有 3 个 3,单击"求值"按钮便可以在对话框中看到这步的结果,如图 4-1-16 所示;继续单击"求值"按钮,可以看到下一步运算结果,如图 9-17 所示,即 2 个 1/2,1 个 1/1,3 个 1/3;再单击"求值"按钮,通过 SUM( )函数将这些数相加后,就得到了 3,即从 A1:A6 总共有 3 类字母。

类似的,U85 单元格中统计商品类别数的公式为：{=SUM(1/COUNTIF(类别,类别))}。

超市供应商很多,不同供应商供应各不相同的商品,通过对供应商供应商品的比较,可以更好地把握超市的供货渠道情况。

图 9-14　分类统计说明举例　　　　　　　图 9-15　公式求值对话框

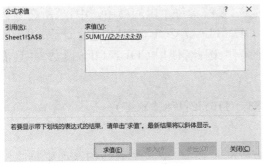

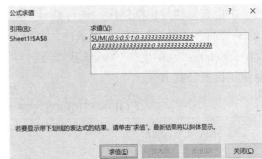

图 9-16　公式求值的过程之一　　　　　　图 9-17　公式求值的过程之二

(4) 针对超市信息表中的进货表,在 V87 起始的位置输入如图 9-18 所示的表格,其中供应商来自 C 列,每种供应商名称输入一次,请分析各供应商的总库存量、中止数量、平均单价,并计算四舍五入形式的平均单价,结果如图所示。本例涉及数值函数(SUMIF、AVERAGEIF、ROUND),统计函数(COUNTIFS)。

	V	W	X	Y	Z
87	供应商	总库存量	中止数量	平均单价	平均单价四舍五入取整
88	佳佳乐	69	1	87.96666667	88
89	康富食品	133	1	75.5125	76
90	妙生	141	0	49.66666667	50
91	为全	64	1	90.6	91
92	日正	108	0	109.45	109
93	德昌	98	0	74.58333333	75
94	正一	68	1	42.5625	43
95	菊花	207	0	30.83333333	31
96	康堡	74	0	28.175	28
97	金美	20	1	4.5	5
98	小当	140	0	34.41	34
99	义美	205	2	60.928	61
100	东海	10	0	25.89	26
101	福满多	23	0	26.43333333	26
102	德级	164	0	55.5	56
103	力锦	183	0	15.33333333	15
104	小坊	224	0	47.66666667	48
105	成记	86	0	140.75	141

进货　出货　供应商信息　员工信息　员…

图 9-18　对进货信息的进一步分析

分析与解答:

① 计算总库存量。

本例需要计算的是每个供应商的总库存量,因为原始进货表中,同一个供应商会供应多种商品,每种商品一行,结果表中需要把同一个供应商的多行数据中的库存量相加,这是一个条件求和的问题,也就是说,原始表中供应商的名字与结果表中的相同,它们的库存量就需要相加,因此,本例中使用 SUMIF 函数完成每个供应商的总库存量计算。为了将 C 列的供应商与 V 列的各个供应商相匹配,需要使用数组公式:

$$\{=\text{SUMIF}(C2:C78,V88:V116,G2:G78)\}$$

以上公式中,求和的是 G 列的库存量。

② 计算中止数量。

中止数量也是根据供应商进行统计,也就是说,要统计每个供应商中,"中止"所在列标"Yes"的有多少个,这需要使用条件计数函数 COUNTIF 或 COUNTIFS 进行计算,由于涉及供应商的匹配、中止为"Yes"的匹配这样两个条件,因此,使用 COUNTIFS 函数,并且需要使用数组公式进行计算:

$$\{=\text{COUNTIFS}(C2:C78,V88:V116,J2:J78,"Yes")\}$$

③ 计算平均单价。

因为需要计算的是供应商名字相匹配的单价的平均值,因此需要使用条件平均函数 AVERAGEIF 函数,并且也需要使用数组公式完成计算:

$$\{=\text{AVERAGEIF}(C2:C78,V88:V116,F2:F78)\}$$

④ 计算平均单价保留到整数。

这个要求实际上只要在计算平均单价公式的外面套上 ROUND 函数,并使用数组公式实现:

$$\{=\text{ROUND}(\text{AVERAGEIF}(C2:C78,V88:V116,F2:F78),0)\}$$

图 9-19　数组中的部分无法修改

⑤ 对数组公式的修改。

尝试修改 Z88 单元格中的公式,例如:将最后一个参数 0 改为 2,按回车后,会出现如图 9-19 所示的对话框,说明无法对数组公式中涉及的部分单元格内容进行修改。

按〈Esc〉键取消修改即可,如果需要对数组涉及范围的单元格都做统一修改,还是需要按〈Ctrl〉+〈Shift〉+〈Enter〉组合键。

因此,使用数组公式不仅可以提高计算和分析数据的效率,还可以增加数据的安全性,确保数据的一致性。

(5) 假设供货表中,超市对每种商品的订购量和再订购量分别又增加了 10 和 20,利用数组常数和数组公式,快速计算增加后的订购量和增加后的再订购量,结果如图 9-20 所示。本例使用数组常数和数组公式进行计算可以快速得到结果。

分析与解答:

插入 S 和 T 两列,并输入相应的标题。选定 S2:T78 区域,输入"="之后,选定 H2:

产品ID	产品名称	未中止需补货	拆零数量	拆零单价	拆零单价四舍五入	拆零单价取整	增加后订购量	增加后再订购量
1	牛奶	需补货	24		2.00	2.00	50.00	45.00
2	苹果汁		24	6.329166667	6.33	6.32	10.00	30.00
3	蕃茄酱	需补货	12	5.333333333	5.33	5.33	80.00	45.00
4	盐		12	1.833333333	1.83	1.83	10.00	20.00
5	麻油		12	20.16666667	20.17	20.16	10.00	20.00
6	酱油		12	6.583333333	6.58	6.58	10.00	45.00
7	海鲜粉		30	1	1.00	1.00	10.00	30.00
8	胡椒粉		30	1.333333333	1.33	1.33	10.00	20.00
9	鸡		500	0.1576	0.16	0.15	10.00	20.00
10	蟹		500	0.316	0.32	0.31	10.00	20.00
11	民众奶酪	需补货	6	6.816666667	6.82	6.81	40.00	50.00

图 9-20　使用数组常数的数组公式

I78,公式中便出现了＝H2:I78,随之输入＋{10,20},按〈Ctrl〉＋〈Shift〉＋〈Enter〉组合键,完成数组公式的输入,便可以看到结果全部出现。

2. 超市"出货"表的数据分析。

"出货"表中已经有了"出货日期"、"产品名称"和"零售商店"3 项信息,通过(1)—(3)的分析计算,最终会增加"商品类别"、"供应商"、"零售单价"、"零售数量"、"入库量"、"需补货量"、"销售总价"、"重复商品"、"重复类别"、"变更后的供应商"和"销售总价排名"11 项内容,另外,还会增加总体汇总分析信息。

商品批量进货是为了在超市中拆零出货,售出价高于进货批发价,这样可以赚取利润。出货表中列出了这些商品的出货信息,由于出货顺序与进货不同,需要进一步分析出货情况,可以利用查找的方式,从进货表中,根据商品名称,将对应的商品类别、供应商、零售单价、入库量等信息找到并显示出来,并可以计算需补货量(零售数量超过入库量)、销售总价,还可以判断记录中是否有重复,即是否有商品多次分批零售,对于同一类产品,第二次出现时可以标出已有。

(1) 利用超市信息表进货表中的信息,请补充出货表中的商品类别、供应商、零售单价(假设零售单价是进货拆零单价的 1.5 倍,四舍五入保留 2 位小数),零售数量的范围是 0—1 000(可以随机产生),结果如图 9-21 所示。本例涉及查找函数(VLOOKUP),数值函数(ROUND、RANDBETWEEN),引用函数(COLUMN)。

分析与解答:

① 补充商品类别信息。

由于出货表中的产品名称来源于进货表,但顺序不同,需要查找的是产品名称对应的商品类别,可以使用 VLOOKUP 函数来完成查找:

● VLOOKUP(lookup_value,table_array,col_index_num,[range_lookup]):搜索表区域 table_array 首列满足条件的元素(即首列大于并最接近或等于 lookup_value),确定待检索单元格在区域中的行序号,再进一步返回选定单元格(即 col_index_num 指定列)的值。range_lookup 的值是 True 或者 False,查找数值数据时,可以使用省略该参数的方式,即默认情况该参数值是 True,要求被查找的表的第 1 列是以升序排列的;查找文本时,则应在第 4 个参数的位置使用 False,才能使 lookup_value 与被查找表的第 1 列文本精确匹配而确定对应的行。

	A	B	C	D	E	F	G
1	出货日期	产品名称	零售商店	商品类别	供应商	零售单价	零售数量
2	2019年5月2日	白米	A超市	谷类/麦片	宏仁	19.00	850
3	2019年5月3日	白奶酪	A超市	日用品	福满多	4.00	563
4	2019年5月4日	饼干	B超市	点心	正一	0.87	710
5	2019年5月5日	糙米	B超市	谷类/麦片	康美	7.00	754
6	2019年5月6日	蛋糕	B超市	点心	顺成	0.59	759
7	2019年5月7日	德国奶酪	B超市	日用品	日正	22.25	346
8	2019年5月8日	蕃茄酱	A超市	调味品	佳佳乐	8.00	268
9	2019年5月9日	干贝	A超市	海鲜	小坊	13.00	287
10	2019年5月10日	桂花糕	A超市	点心	康堡	4.05	612
11	2019年5月11日	海参	A超市	海鲜	大钰	6.63	86
12	2019年5月12日	海苔酱	B超市	调味品	康富食品	1.32	134
13	2019年5月13日	海鲜粉	B超市	特制品	妙生	1.50	152
14	2019年5月14日	海鲜酱	B超市	调味品	百达	1.78	174
15	2019年5月15日	海哲皮	A超市	海鲜	小坊	49.00	564

进货　出货　供应商信息　员工信息　…

图 9-21　通过查找补充出货信息数据

除了定位行、列进行查找之外，还有 HLOOKUP 函数和 LOOKUP 函数，都属于 LOOKUP 系列查找函数：

● HLOOKUP(lookup_value，table_array，col_index_num，[range_lookup])：搜索表区域 table_array 首行满足条件的元素(即首行大于并最接近或等于 lookup_value)，确定待检索单元格在区域中的列序号，再进一步返回选定单元格(即 raw_index_num 指定行)的值。range_lookup 的值是 True 或者 False，查找数值数据时，可以使用省略该参数的方式，即默认情况该参数值是 True，要求被查找的表的第 1 列是以升序排列的；查找文本时，则应在第 4 个参数的位置使用 False，才能使 lookup_value 与被查找表的第 1 列文本精确匹配而确定对应的行。

● LOOKUP(lookup_value，array)：在包含文本、数值或逻辑值的单元格区域或数组区域 array 中查找对应于 lookup_value 的最后一行或最后一列的值。

● LOOKUP(lookup_value，lookup_vector，[result_vector])：从单行或单列向量 lookup_vector 中查找 lookup_value 值，然后返回单行或单列 result_vector 中对应的值。

本例中，需要查找的 lookup_value 就是出货表中的产品名称，待查表在进货表的 B2:D78 的范围中，如选定的待查表中的第 2 列，由于要查找的是文本，需要精确匹配，所以必须在公式中出现第 4 个参数 False。

涉及公式引用的单元格在其他工作表中，可以使用选择的方法完成公式的输入：

① 选定出货表的 D2 单元格，输入"=VLOOKUP("。

② 单击选定出货表的 B2 单元格，并输入半角的","。

③ 单击进货表标签，选定 B2:D78，并按〈F4〉键转换为绝对引用，然后输入半角的","。

④ 输入"3，FALSE)"，然后按回车键完成公式的输入。这时，自动回到出货表。

⑤ 选定 D2 单元格后，拖曳 D2 单元格的填充柄到 D78，完成出货表中 D 列公式的复制。D2 中的公式为：=VLOOKUP(B2，进货！ $B$2:$D$78，3，FALSE)。

② 补充供应商信息。

出货表中供应商列的获取方法类似于商品类别，在 E2 中所输入的公式如下：

$$=VLOOKUP(B2,进货！\$B\$2:\$C\$78,2,FALSE)$$

③ 建立零售单价信息。

采用 VLOOKUP 函数,可以方便地从进货表中获取拆零单价,由于目前零售单价是拆零单价的 1.5 倍,这个参数将来可能会有所变化,为了方便管理,可以将一些设置数据放在一张独立的表格中,本例中已将有可能会变化的一些参数放置在参数表中了,如图 9-22 所示。

	A	B	C	D	E
1	零售单价是进货单价的1.5倍			1.5	
2					
3		工作年限	等级	津贴比例	基本工资
4		0-5年	菜鸟	10%	3500
5		6-10年	初级	20%	5000
6		11-20年	中级	30%	8000
7		21-30年	高级	40%	10000
8		31年及以上	资深级	50%	13500
9					
10					
11			加班工资单价		
12		平时	100		
13		双休日	200		
14					

图 9-22　参数表

由于进货表中拆零价格所在列与产品名称列相距甚远,为了方便确定 VLOOKUP 函数的第 3 个参数,就是需要的数据在查找表中的列数,可以使用 COLUMN 函数,将列数取出,如果需要取的是行号,可以使用 ROW 函数。

● COLUMN (reference):返回参数 reference 对应列的列号,如果参数为空时,返回当前光标所在单元格的列号。

● ROW(reference):返回参数 reference 对应行的行号,如果参数为空时,返回当前光标所在单元格的行号。

在本例的 VLOOKUP( )函数中,使用 COLUMN(P2)可以得到 P 列的列号,由于需要查找的表是从 B2:P78,P 列的列号-1 可以得到在查询表中所需要的列号。查询得到的进货表中的拆零单价乘以参数表中的倍数后,经过四舍五入保留 2 位小数,可以得到需要的结果,因此,F2 中输入的公式为:＝ROUND(VLOOKUP(B2,进货！\$B\$2:\$T\$78,COLUMN(进货！\$P\$2)−1,FALSE)＊参数！\$D\$1,2)。

④ 输入零售数量。

本例中,零售数量通过随机函数得到 0—1 000 的整数,在出货表的 G2 单元格中,输入:＝RANDBETWEEN(0,1000)。

(2) 利用超市信息表进货表和出货表中的已有信息,请补充出货表中的入库量(站在超市的角度,进货表中(订购量＋再定购量)×拆零数量＝超市的入库量)、需求量、销售总价,重复商品、重复类别,结果如图 9-23 所示。本例涉及查找函数(VLOOKUP、MATCH),引用函数(COLUMN、ROW),数值函数(ABS),逻辑函数(IF),统计函数(COUNTIF)。

	A	B	C	D	E	F	G	H	I	J	K	L
1	出货日期	产品名称	零售商店	商品类别	供应商	零售单价	零售数量	入库量	需补货量	销售总价	重复商品	重复类别
67	2019年7月6日	鸭肉	B超市	肉/家禽	义美	61.90	895	60	835	55400.50	重复	已有
68	2019年7月7日	鸭肉	A超市	肉/家禽	义美	61.90	418	60	358	25874.20	重复	已有
69	2019年7月8日	盐	A超市	调味品	康富食品	2.75	245	0	245	673.75		已有
70	2019年7月9日	盐水鸭	B超市	肉/家禽	涵合	16.40	481	0	481	7888.40		已有
71	2019年7月10日	燕麦	A超市	谷类/麦片	菊花	4.50	175	75	100	787.50		已有
72	2019年7月11日	义大利奶酪	A超市	日用品	德级	96.00	733	0	733	70368.00		已有
73	2019年7月12日	鱿鱼	A超市	海鲜	小坊	9.50	76	60	16	722.00		已有
74	2019年7月13日	玉米饼	B超市	点心	利利	1.02	138	720	0	140.76		已有

图 9-23　出货表中补充信息

分析与解答：

① 入库量信息获取。

分别通过 VLOOKUP 查找函数，找到对应商品在进货表中的订购量和再订购量，相加之后，乘以进货表中的拆零数量，便可以得到该产品的入库量，H2 中的公式如下：

＝（VLOOKUP（B2，进货！＄B＄2：＄H＄78，COLUMN（进货！＄H＄2）－1，FALSE）＋VLOOKUP（出货！B2，进货！＄B＄2：＄I＄78，COLUMN（进货！＄I＄2）－1，FALSE））＊（VLOOKUP（B2，进货！＄B＄2：＄O＄78，COLUMN（进货！＄O＄2）－1，FALSE））

② 需补货量的获取。

当入库量大于零售数量时，不需要补货，否则需要补货的数量是|入库量－零售数量|。

ABS（number）：返回给定数值的绝对值，即不带符号的数值。

因此，I2 单元格中的公式为：＝IF（H2－G2＞0，0，ABS（H2－G2））

③ 计算销售总价。

零售单价×零售数量＝销售总价，因此，在 J2 单元格中，输入公式：＝F2＊G2。

④ 重复商品和重复类别的分析。

如果某一商品在列表中出现超过 1 次，当使用 COUNTIF（）函数计数时，应该大于 1，所以在 K2 单元格中，可以这样输入公式：＝IF（COUNTIF（B：B，B2）＞1，"重复"，""），当 B 列中的产品名称与当前行对应的 B 列单元格相同的超过 1 时，就显示重复。

除此之外，也可以借助 MATCH（）函数查找是否存在与某单元格内容一致的内容：

● MATCH（lookup_value，lookup_array，[match_type]）：在数组或单元格区域 lookup_array 中查找与 lookup_value 相匹配的项，并返回该项在数组或区域中的位置。其中 lookup_value 是在数组中需要查找匹配的值，可以是数值、文本或逻辑值，或者对上述类型的引用；lookup_array 是含有要查找数值的连续单元格区域，一个数值，或者对某数组的引用；match_type：1 是默认值，表示在 lookup_array 中查找小于或等于 lookup_value 的最大值，lookup_value 中的值必须按升序排列，0 表示精确匹配，－1 表示在 lookup_array 中查找大于或等于 lookup_value 的最小值，lookup_value 中的值必须按降序排列。

使用函数 MATCH（D2，D2：D78，0）可以在 D2：D78 的商品类别中精确匹配找到与 D2 内容完全一致的商品类别的位置，若该商品类别在前面已经出现过，则该值将不等于当前行的行号－1，因为具体的商品类别是从第 2 行开始的。需要获取行号，可以使用 ROW（）函数，因此，在 L2 单元格中，可以输入公式：＝IF（MATCH（D2，＄D＄2：＄D＄78，0）＝ROW（D1），""，"已有"），本例中两种方法都可以得到是否重复的结论，可见数据分析时，只要思路正确,方法可以多种多样。

(3) 在出货表中,带"正"字的供应商名称中的"正"要改为"昌盛",在 M 列中完成更正,然后在 N 列中分析他们的销售总价排名,并在 P 列中添加各项如图 9-24 所示的分析项,并在 Q 列中完成分析得到相应的结果。本例涉及文本函数(SUBSTITUTE),统计函数(RANK、COUNTIF、COUNTIFS、SUBTOTAL、MEDIAN、MODE),数值函数(MAX、MIN、LARGE、SMALL、AVERAGE)。

	A	B	H	I	J	K	L	M	N	O	P	Q
1	出货日期	产品名称	入库量	需补货量	销售总价	重复商品	重复类别	变更后的供应商	销售总价排名		总体分析	
2	2019年5月2日	白米	960	0	16150.00			宏仁	6		供不应求的商品数量	53
3	2019年5月3日	白奶酪	1560	0	2252.00			福满多	28		产品名称中带"海"的数量	5
4	2019年5月4日	饼干	120	590	617.70			昌盛一	52		产品名称中带"鸡"的数量	3
5	2019年5月5日	糙米	0	754	5278.00		已有	康美	16		产品名称中带"海"的A超市供应品	2
6	2019年5月6日	蛋糕	0	759	447.81		已有	顺成	58		入库量不为0的最小数量	15
7	2019年5月7日	德国奶酪	0	346	7698.50		已有	日昌盛	12		最高零售单价	96
8	2019年5月8日	蕃茄酱	2850	0	2144.00			佳佳乐	29		第5高零售单价	30.25
9	2019年5月9日	干贝	2250	0	3731.00			小坊	20		最低零售单价	0.12
10	2019年5月10日	桂花糕	0	612	2478.60		已有	康堡	26		第2低零售单价	0.19
11	2019年5月11日	海参	10000	0	570.18		已有	康美	54		平均零售单价	8.413247
12	2019年5月12日	海苔酱	0	134	176.88		已有	康富食品	68		中间零售单价	2.91
13	2019年5月13日	海鲜粉	120	32	228.00			妙生	66		出现次数最多的零售单价	1.56
14	2019年5月14日	海鲜酱	12500	0	309.72		已有	百达	61			
15	2019年5月15日	海哲皮	60	504	27636.00		已有	小坊	3			
16	2019年5月16日	蚝油	450	478	1132.16		已有	康美	40			

讲解　出货　供应商信息　员工信息　员工上班时间　加班记录　查找　参数

图 9-24　出货表的更正和总体分析

分析与解答:

① 更正供应商名称。

在 M1 单元格中输入"变更后的供应商"。由于"正"字不是在 E 列每个供应商名称中都出现,而且出现的位置也不固定,因此无法使用 REPLACE 函数,而需要使用 SUBSTITUTE 函数(详见例 4-4),在 M2 单元格输入 =SUBSTITUTE(E2,"正","昌盛") 公式之后,复制到 M78,可以看到原始供应商名称中的"正"字已经被"昌盛"取代。

② 分析销售总价排名。

可以使用 RANK() 函数来统计数据在某个范围中的排名。

● RANK(number, ref, order):返回数字 number 在一列数字 ref 中相对于其他数值的大小排名,其中的非数值数据会被跳过;order 默认为 0,表示降序,非 0 时表示升序。

在 N1 单元格中输入"销售总价排名",然后在 N2 单元格中输入公式:=RANK(J2,$J$2:$J$78),并复制到 N78,就可以得到各个商品的销售总价从高到低的排名。

③ 总体分析。

在 P1:P13 分别输入如图 9-24 所示的文字说明。

供不应求的商品数量。当商品供不应求时,就需要补货了,因此可以根据出货表中 I 列的需补货量数据大于 0,作为统计依据,所以,在 Q2 单元格输入公式:=COUNTIF(I2:I78,">0"),可以得到供不应求的商品数量。

产品名称中带"海"的数量。可以使用通配符"＊"来表示任意字符,统计是针对 B2:B78 的产品名称,因此,在 Q3 单元格输入公式:=COUNTIF(B2:B78,"＊海＊"),可以得到供不应求的商品数量。产品中带"鸡"的数量的分析方法也是一样的。

产品名称中带"海"的 A 超市供应品。这里需要统计包含两个条件的商品数量,需要使用 COUNTIFS 函数,在 B 列产品名称中判断是否带海,在 C2:C78 范围中,判断是否为 A 超市,因此,在 Q5 单元格中输入公式:=COUNTIFS(B2:B78,"﹡海﹡",C2:C78,"A超市")。

入库量不为 0 的最小数量。在分析这个数据之前,可以先统计和分析 Q7:Q10 的结果,这 4 个单元格的分析对象都是零售单价,为了方便统计和分析,可以将零售单价所在区域 F2:F78 命名为 LSDJ。在 Q7 中需要放置最高零售单价,这可以使用公式=MAX(LSDJ)得到;在 Q9 中需要放置最低零售单价,这可以使用公式=MIN(LSDJ)得到;如果需要得到第 N 高或第 N 低的数据,则可以使用 LARGE 和 SMALL 函数:

● LARGE(array, k):返回数组或区域 array 中第 k 个最大值。

● SMALL(array, k):返回数组或区域 array 中第 k 个最小值。

因此,Q7 中也可以输入=LARGE(LSDJ,1)来获得零售单价的最高值,Q9 中也可以输入=SMALL(LSDJ,1)来获得最低零售单价;而 Q8 中需要获得的是第 5 高的零售单价,就可以输入公式:=LARGE(LSDJ,5),Q10 中需要获得的是第 2 低的零售单价,可以输入公式:=SMALL(LSDJ,2)。

在 Q6 中需要得到的是入库量不为 0 的最小数量,假设在 H 列中有 N 个入库量不为 0 的数据,那么 Q6 中需要得到的就是第 N 大的数据,而入库量不为 0 的数量可以使用 COUNTIF(H2:H78,">0")来统计得到,因此,Q6 中的公式为:=LARGE(H2:H78,COUNTIF(H2:H78,">0"))。

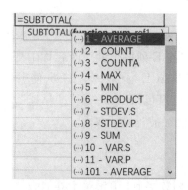

图 9-25 SUBTOTAL()函数的第 1 个参数提示

平均数、中值、众数的统计。

在 Q11 中需要获得平均零售单价,这可以使用 AVERAGE 函数或者 SUBTOTAL 函数得到。

● SUBTOTAL(function_num, ref1, …):返回一个数据列表或数据库的分类汇总。function_num 是 1—11 的数字,用来指定分类汇总所采用的汇总函数,当在单元格中输入公式的过程中,系统会给出该参数的输入提示,如图 9-25 所示;ref1… 为 1—254 个要进行分类汇总的区域或引用。

本例中 Q11 单元格可以输入公式:=SUBTOTAL(1,LSDJ)。

中值是使用 MEDIAN 函数,众值使用 MODE 函数:

● MEDIAN(number1,[number2],…):返回一组数值的中值,number1,number2… 是用于中值计算的 1—255 个数字、名称、数组或者数值引用。

● MODE(number1,[number2],…):返回一组数据或数据区域中的众数(出现频率最高的数),number1,number2… 是用于众值计算的 1—255 个数字、名称、数组或者数值引用。

因此,Q12 中的公式为:=MEDIAN(LSDJ);Q13 中的公式为:=MODE(LSDJ)。

3. 超市"供应商信息"表的数据分析。

更好地了解供应商,能为超市把控货源打下基础。"供应商信息"表中已经有了"供应商"、"联系人"、"城市邮编"、"街道地址"和"电话号码"5 项信息,通过分析计算,最终会增加"城市"、"邮编"、"城市地址"、"街道号码"、"区号"和"市话号码"6 项内容。

针对如图 9-26 所示的供应商信息表中的信息,分析出城市、邮编、城市地址、街道号码、区号、市话号码。本例涉及文本函数(LEFT、RIGHT、LEN、LENB、CONCATENATE 、FIND)。

	A	B	C	D	E	F	G	H	I	J	K
1	供应商	联系人	城市邮编	街道地址	电话号码	城市	邮编	城市地址	街道号码	区号	市话号码
2	佳佳乐	董卓	石家庄050007	光明北路854号	0311-97655388						
3	康富食品	吕布	海口567075	明成街19号	0898-712143						
4	妙生	貂蝉	天津300755	重阳路567号	022-9113568						
5	为全	陈宫	大连116654	冀州西街6号	0411-85745549						
6	日正	马腾	天津300755	新技术开发区43号	022-81679931						
7	德昌	韩遂	长春130745	志新路37号	0431-5327424						
8	正一	袁绍	重庆488705	志明东路84号	852-6970631						
9	菊花	颜良	天津300755	明正东街12号	022-71657062						
10	康堡	袁术	长春130745	高新技术开发区3号	0431-8293725						
11	金美	公孙瓒	天津300755	津东路19号	022-68523326						
12	小当	刘表	温州325904	吴越大街35号	0577-64500321						
13	义美	刘璋	石家庄050125	新技术开发区36号	0311-82455173						
14	东海	张任	南京210453	崇明路9号	025-97251988						
15	福满多	管辂	南昌330975	崇明西路丁93号	0791-56177810						

图 9-26　对供应商信息的分析

分析与解答：

① 从城市邮编数据分析出城市和邮编。

在 C 列单元格中，城市名称在左边，是全角字符，邮编在右边，是半角的数字。城市名称可以用 LEFT 函数从左边取子串，邮编可以用 RIGHT 函数从右边取子串，但由于城市名称长短不一，取子串的长度不能统一使用某个数字，需要使用 LEN 和 LENB 函数相结合的运算，得到所需要的长度。LEN(C2)的结果是字符个数，LENB(C2)的结果是 2 倍的汉字字符＋1 倍的数字字符，因此 LENB(C2)-LEN(C2)可以得到 C2 中的汉字个数，2＊LEN(C2)-LENB(C2)可以得到 C2 中的数字字符个数。取 C 列中左右子串的通用公式为：

● F2 单元格中：＝LEFT(C2, LENB(C2)-LEN(C2))

● G2 单元格中：＝RIGHT(C2, 2＊LEN(C2)-LENB(C2))

② 通过字符串连接完成城市地址的填写。

将 F 列的城市和 D 列的街道地址相连接，可以得到城市地址。字符串连接可以使用 & 运算，或者使用 CONCATENATE 函数。

& 运算：将运算符两边的字符串连接成一个字符串。

CONCATENATE(text1,[text2],……)：将多个文本字符串合并成一个。

本例中，可以在 H2 中输入：＝F2&D2，或者输入：＝CONCATENATE(F2,C2)。

③ 从街道地址中分析出街道号码。

类似于进货量表中拆零数量的分析方法，只是不需要转换成数值类型，本例中不再给出说明。

④ 从电话号码中分析出区号和市话号码。

E 列的电话号码中都是通过"-"来区分区号和市话号码，"-"左边是区号，右边是市话号码，使用 FIND("-",E2)函数，可以获得"-"在字符串中的位置，该位置数减 1，就是左边区号的长度，总长度减去该位置数，就是右边市话号码的长度，因此可以在 J 列和 K 列中分别写出如下公式：

● J2 单元格中：＝LEFT(E2,FIND("-",E2)-1)

● K2 单元格中：＝RIGHT(E2,LEN(E2)-FIND("-",E2))

完成后的最终效果如图 9-27 所示。

4. 超市"员工信息"表的数据分析。

"员工信息"表中已经有了"零售商店"、"员工工号"、"姓名"、"身份证号"和"电子邮箱"5

=MID(D2,(SEARCHB("?",D2)+1)/2,2*LEN(D2)-LENB(D2))

	A	B	C	D	E	F	G	H	I	J	K
1	供应商	联系人	城市邮编	街道地址	电话号码	城市	邮编	城市地址	街道号码	区号	市话号码
2	佳佳乐	董卓	石家庄050007	光明北路854号	0311-97658386	石家庄	050007	石家庄光明北路854号	854	0311	97658386
3	康富食品	吕布	海口567075	明成街19号	0898-712143	海口	567075	海口明成街19号	19	0898	712143
4	妙生	貂蝉	天津300755	重阳路567号	022-9113568	天津	300755	天津重阳路567号	567	022	9113568
5	为全	陈宫	大连116654	冀州西街6号	0411-85745549	大连	116654	大连冀州西街6号	6	0411	85745549
6	日正	马腾	天津300755	新技术开发区43号	022-81679931	天津	300755	天津新技术开发区43号	43	022	81679931
7	德昌	韩遂	长春130745	志新路37号	0431-5327434	长春	130745	长春志新路37号	37	0431	5327434
8	正一	袁绍	重庆488705	志明东路84号	852-6970831	重庆	488705	重庆志明东路84号	84	852	6970831

图 9-27　对供应商信息的分析

项信息,通过(1)—(4)的分析计算,最终会增加"登录账号"、"密码"、"性别"、"出生日期"、"当年年龄"、"实足年龄"、"入职日期"、"工作年份"、"工作等级"、"基本工资"、"工作津贴"和"工资总和"12项内容,并对各工作等级的员工人数进行统计。

(1) 随着超市集团信息化的推进,每位员工都需要自己的账号来登录公司的信息系统,因此,需要为员工设置账号和初始密码。利用员工信息表中的邮箱号码和身份证号码,设置员工的登录账号为邮箱"@"左边字符,并大写,设置员工的初始密码,为身份证后6位,并将最后1位设置为0,效果如图9-28所示。本例涉及文本函数(UPPER、LEFT、FIND、RIGHT、REPLACE)。

	A	B	C	D	E	F	G
1	零售商店	员工工号	姓名	身份证号	电子邮箱	登录账号	密码
2	A超市	A001	宋江	217824197107161387	xusir2016@yahoo.cn	XUSIR2016	161380
3	A超市	A002	李逵	123262196507278063	periswallow@126.com	PERISWALLOW	278060
4	B超市	B001	史进	426671197006208279	acmmjiang@yahoo.cn	ACMMJIANG	208270
5	B超市	B002	关胜	713386197202053293	ynlyf100@sina.com	YNLYF100	053290
6	B超市	B003	吴用	151495198402230032	catrinajy@gmail.com	CATRINAJY	230030
7	B超市	B004	武松	12720519690208698X	leafivy@163.com	LEAFIVY	086980
8	A超市	A003	林冲	366695198408142167	cany315@sohu.com	CANY315	142160
9	A超市	A004	阮小七	310107199401231241	zhang_ecnu@163.com	ZHANG_ECNU	231240
10	A超市	A005	柴进	310107199405029135	sakuraforever911@yahoo.cn	SAKURAFOREVER911	029130
11	A超市	A006	燕青	310107199702012193	xuanlingmuwjj@yahoo.cn	XUANLINGMUWJJ	012190
12	B超市	B005	杨志	310107199104016891	wangjia512@sohu.com	WANGJIA512	016890
13	B超市	B006	时迁	310107198900029847	juanzi10851234@yahoo.cn	JUANZI10851234	029840

图 9-28　从员工的电子邮箱得到登录账号和密码

分析与解答:

① 利用电子邮箱设置登录账号。

登录账号的内容来自电子邮件"@"前面的字符,这个可以利用 LEFT 函数和 FIND 函数相结合实现,取到"@"之前的字符串之后,使用 UPPER 函数,将字母都转换成大写。用于字母大、小写转换的函数有:

● UPPER(text):将一个文本字符串转换为字母全部大写的形式。

● LOWER(text):将一个文本字符串转换为字母全部小写的形式。

在 F2 中输入:＝UPPER(LEFT(E2,FIND("@",E2)－1)),并复制后,可以完成 F 列数据的输入。

② 实现密码的设置。

利用 RIGHT 函数,可以取到 D 列身份证号后6位,取到后,需要使用替换函数把最后1位的数据替换为0。替换函数有:

● REPLACE(old_text,start_num,num_chars,new_text)：将一个字符串中的部分字符用另一个字符串替换，对应的参数的含义是：在 old_text 的 start_num 位置开始的 num_chars 个字符，用 new_text 替换。这个函数也有对应的 REPLACEB( )函数，便于按字节进行替换的需要。

● SUBSTITUTE(text,old_text,new_text,[instance_num])：将字符串中的部分字符串以新字符串替换。

这两种替换函数的区别在于，REPLACE 是根据需要替换的位置进行替换，SUBSTITUTE 函数是根据需要替换的内容进行替换，并且当内容有重复时，最后一个参数可以指定是第几次出现的内容需要替换。

本例指定第 6 个字符需要替换，因此选择 REPLACE 函数完成替换。

在 G2 中，输入：=REPLACE(RIGHT(D2,6),6,1,"0")，可以实现从 D2 中取到身份证后 6 位，然后将这 6 位数据的从左向右数第 6 位数替换为字符 0。

（2）利用员工信息表中的身份证号码信息，分析得到员工的性别、出生日期、当年年龄、实足年龄，并根据年龄从 18—22（随机）为入职年龄的条件，分析员工的入职日期和工作年份，效果如图 9-29 所示。本例涉及逻辑函数（IF），数值函数（MOD、RANDBETWEEN），文本函数（MID），日期时间函数（DATE、YEAR、NOW、DATEDIF、TODAY）。

	A	B	C	D	E	F	G	H	I	J	K	L	M	N
1	零售商店	员工工号	身份证号		电子邮箱	登录账号	密码	性别	出生日期	当年年龄	实足年龄	入职日期	工作年份	
5	B超市	B002	713386197202053293		ynlyf100@sina.com	YNLYF100	053290	男	1972/2/5	47	47	1991/7/1	28	
6	B超市	B003	151495198402230032		catrinajy@gmail.com	CATRINAJY	230030	男	1984/2/23	35	35	2004/7/1	15	
7	B超市	B004	12720519690208698X		leafivy@163.com	LEAFIVY	086980	女	1969/2/8	50	50	1988/7/1	31	
8	A超市	A003	366695198408142167		cany315@sohu.com	CANY315	142160	女	1984/8/14	35	35	2005/7/1	14	
9	A超市	A004	310107199401231241		zhang_ecnu@163.com	ZHANG_ECNU	231240	女	1994/1/23	25	25	2013/7/1	6	
10	A超市	A005	310107199405029135		sakuraforever911@yahoo.cn	SAKURAFOREVER911	029130	男	1994/5/2	25	25	2013/7/1	6	
11	A超市	A006	310107199702012193		xuanlingmuwjj@yahoo.cn	XUANLINGMUWJJ	021920	男	1997/2/1	22	22	2016/7/1	3	
12	B超市	B005	310107199104016891		wangjia512@sohu.com	WANGJIA512	016890	男	1991/4/1	28	28	2012/7/1	7	
13	B超市	B006	310107198809029847		juanzi19851234@yahoo.com	JUANZI19851234	029840	女	1988/9/2	31	30	2010/7/1	9	
14	B超市	B007	310107199608013284		pp_198633@sina.com	PP_198633	013280	女	1996/8/1	23	23	2015/7/1	4	

图 9-29　从员工的身份证号得到性别出生日期等信息

分析与解答：

在员工信息表中，可以看到有员工的身份证号码，由于身份证号码中，第 7—14 位包含了员工出生年月日信息，从而可以分析出员工的出生年月、当年年龄、实足年龄等信息；身份证号码的第 17 位包含了员工的性别信息，奇数为男，偶数为女；如果公司招聘员工时，年龄要求是 18—22，根据出生年月，还可以获取入职日期；有了入职日期，就能分析出职工的工作年份。对这张表的分析包含了大量与时间、日期相关的函数。

① 从身份证号中分析得到性别。

根据身份证号码的编码特征，其第 17 位是性别信息，奇数代表男，偶数代表女。可以使用 MID 函数取得身份证号码的第 17 位，然后，使用 MOD 函数将这个数除以 2 取得余数，余数为 1 表示奇数，余数为 0 表示偶数，所以最后需要使用 IF 函数根据余数写出男或女。

● MOD(number,divisor)：返回两数相除的余数。

在 H2 中输入：=IF(MOD(MID(D2,17,1),2)=0,"女","男")便可得到需要的结果。

② 根据身份证号码分析得到出生日期。

根据身份证号码的编码特征，其第 7—10 位，对应着出生年份，11—12 位对应着出生月份，第 13—14 位，对应着出生日，可以使用 MID 函数分别取出对应年、月、日的字符，然后使用 DATE 函数，将字符形式的年月日转换为日期。

● DATE(year,month,day)：返回在 Microsoft Excel 日期时间代码中代表日期的数字。函数中的 year、month、day 是字符。

日期在系统中是从 1900 年 1 月 1 日开始到 9999 年 12 月 31 日，对应着从 1—2958465 的数字，1 对应着 1 天，因此 1 小时就是 1/24，1 分钟就是 1/(24 * 60)的小数，1 秒钟就是 1/(24 * 60 * 60)的小数。

本例中，在 I2 单元格中输入公式：＝DATE(MID(D5,7,4),MID(D5,11,2),MID(D5,13,2))，可以得到一个代表出生日期的数字，将单元格格式设置为日期类型，便可以看到如图 9-29 所示的日期。

③ 将当年年份与出生年份相减得到当年年龄。

获取当前系统日期时间的函数有 NOW 和 TODAY，从日期中获取年、月、日的函数分别是 YEAR、MONTH 和 DAY，具体说明如下：

● NOW()：返回日期时间格式的当前日期和时间。

● TODAY()：返回日期格式的当前日期。

● YEAR(serial_number)：返回日期的年份值，一个 1999—9999 之间的数字。

● MONTH(serial_number)：返回月份值，是一个 1(一月)到 12(十二月)之间的数字。

● DAY(serial_number)：返回一个月中第几天的数值，介于 1—31 之间。

I2 中已经计算得到了员工的出生日期，因此，在 J2 单元格中输入公式：＝YEAR(NOW())－YEAR(I2)，便可以得到员工的当年年龄。

④ 根据当前日期与员工出生日期分析员工实足年龄。

实足年龄不仅与出生年份相关，也与出生的月和日相关，当出生月份大于当前月份时，实足年龄与当年年龄相同，当出生月<当前月，或出生月＝当前月，但出生日<当前日时，实足年龄则会增加 1 岁。可以使用 DATEDIF 函数来计算实际两个日子之间的差异。对该函数的具体说明如下：

● DATEDIF(start_date,end_date,unit)：计算两个指定日期 start_date 和 end_date 之间相差的天数、月数或年数，参数 unit 确定返回的差值类型，具体参见表 4-1-10。

本例在 K2 单元格中输入公式：＝DATEDIF(I2,TODAY(),"Y")，可以计算出 I 列出生日期到现在的实际相差年数，也就是实足年龄。

⑤ 根据身份证号码中的出生年份估算入职年份。

假设入职是在 18—22 岁之间，而且都是 7 月 1 日入职，根据身份证号码取得的出生年份，加上 18—22 之间的随机整数，可以估算出入职年份。产生随机数的函数包括以下这些：

● RAND()：返回大于或等于 0，且小于 1 的平均分布随机数(依重新计算而变)。

● RANDBETWEEN(bottom,top)：返回一个介于指定数字之间的随机数。

根据假设，本例使用 RANDBETWEEN()函数便可以产生 18—22 的随机整数，在 L2 中输入公式：＝DATE(MID(D2,7,4)＋RANDBETWEEN(18,22),7,1)，便可以得到员工的入职日期。

如果需要产生的数据是 18—22 之间的实数，即可以有小数，则可以通过以下 RAND()函数的公式产生：＝RAND() * (22－18)＋18，配合 ROUND()或 INT()函数，可以对保留的小数位数进行设定。

⑥ 根据入职年份分析出工作年份。

类似于实足年龄的计算,计算入职年份与当前年份的实际差值,可以得到工作年份数据。

(3) 利用超市信息表中的参数表和已有的员工信息表内容,完善员工信息表中的工作等级、基本工资、工作津贴、工资总和,结果如图 9-30 所示。本例涉及查找函数(VLOOKUP),引用函数(INDIRECT)。

	A	B	M	N	O	P	Q
1	零售商店	员工工号	工作年份	工作等级	基本工资	工作津贴	工资总和
2	A超市	A001	26	高级	10000	4000	14000
3	A超市	A002	32	资深级	13500	6750	20250
4	B超市	B001	30	高级	10000	4000	14000
5	B超市	B002	29	高级	10000	4000	14000
6	B超市	B003	15	中级	8000	2400	10400
7	B超市	B004	30	高级	10000	4000	14000
8	A超市	A003	14	中级	8000	2400	10400
9	A超市	A004	4	菜鸟	3500	350	3850
10	A超市	A005	4	菜鸟	3500	350	3850
11	A超市	A006	2	菜鸟	3500	350	3850
12	B超市	B005	6	初级	5000	1000	6000
13	B超市	B006	10	初级	5000	1000	6000
14	B超市	B007	3	菜鸟	3500	350	3850

进货　出货　供应商信息　**员工信息**　查找　加班记录　员工上班时间　参

图 9-30　员工信息表中补充信息

分析与解答:

① 工作等级信息获取。

如图 9-30 所示,参数表中给出的工作等级包括了:菜鸟、初级、中级、高级、资深级,根据员工工作年份的长短,可以查表获得其级别。查表运算之前,需要先在参数表的 A4:A8 区域中分别输入对应年限的下限:0、6、11、21、31,这样 VLOOKUP 函数中需要查的表就是 A4:C8,需要的是第 3 列的数据。由于查找的是数值,默认可以省略 VLOOKUP() 的第 4 个参数,因此,N2 单元格中应输入公式:=VLOOKUP(M2,参数!＄A＄4:＄C＄8,3),为了方便复制公式,所查找的表格范围需要使用绝对引用。

② 基本工资信息获取。

根据员工的工作等级,通过查参数表,就可以得到员工的基本工资,因为查找的是文本,因此 VLOOKUP 函数需要第 4 个参数 FALSE 表示精确匹配,O2 单元格中的公式为:

=VLOOKUP(N2,参数!＄C＄4:＄E＄8,3,FALSE)

③ 工作津贴信息获取。

参数表中给出了不同级别的工作津贴比例,将基本工资×工作津贴比例,便可以得到员工的工作津贴。为了方便使用单元格名称引用进行计算,可以先对参数表中的工作津贴比例单元格按对应的等级名称进行命名,这样参数表中 D4 单元格的名称就是"菜鸟",D5 单元格的名称就是"初级",以此类推。这样可以使用 INDIRECT() 函数通过引用将参数表中的数据获取到公式中进行计算:

● INDIRECT(ref_text,[a1]):返回 ref_text 文本字符串所指定的引用,该引用所在单元格中存放着另一个引用,引用的形式可以是 A1,或 R1C1,默认为 A1 引用形式,当 a1 为 FALSE 时,引用形式为 R1C1。

本例中,在对参数表中的工作津贴比例单元格分别命名之后,可以在员工信息表的 P2 单元格中输入公式:=O2 * INDIRECT(N2),对应 N2 单元格的内容是员工的等级值,这个等级值正好是津贴百分比单元格的名称,通过 INDIRECT 函数将等级值表示的名称转换成单元格引用,就相当于引用了对应的津贴百分比。

T	U	V
等级	人数	工作年份
菜鸟	13	5
初级	4	10
中级	5	20
高级	5	30
资深级	1	

图 9-31 员工加班工资的计算

最后,Q 列的工资总和就是基本工资与工作津贴之和,公式不再列出。

(4) 根据员工信息表中的数据,分析各级别员工的人数,结果如图 9-31 所示。本例涉及统计函数(FREQUENCY)。

分析与解答:

假定工作 5 年及以下是菜鸟级别,工作 5—10 年是初级,工作 10—20 年是中级,工作 20—30 年是高级,工作 30 年以上是资深级,可以使用 COUNTIF 函数计算工作各个年份段的人数,但比较烦琐,使用 FREQUENCY 函数,可以一步完成计算得到结果。

● FREQUENCY(data_array, bins_array):以一列垂直数组返回 data_array 的频率分布,bins_array 是数据接收区间,为一数组或对数组区域的引用,设定对 data_array 频率计算的分段点。该函数需要使用数组公式完成填写才有效。

选定放置人数的 U4:U8 区域,输入公式 = FREQUENCY(M2:M29,V4:V7),按 〈Ctrl〉+〈Shift〉+〈Enter〉组合键完成计算。

5. 根据打卡情况分析员工上班时长。

打卡机会记录每位员工的打卡时间,根据超市法定的上下班时间,计算员工实际上班时间,方便汇总迟到、早退员工。

"员工上班时间"表中记录了员工某日上下班打卡时间,以及法定上班和下班时间,通过分析计算,可以得到员工的"实际上班小时数"和"法定上班小时数"2 项内容。

利用员工信息表中的员工上班时间表中的信息,分析得到员工某天上午上班小时数,效果如图 9-32 所示。本例涉及逻辑函数(IF)。

	A	B	C	D	E
1	计算上班时间 (仅上午)				
2	姓名	上班时间	下班时间	实际上班小时数	法定上班小时数
3	宋江	7:56	12:12	4.27	4.0
4	李逵	8:04	12:13	4.15	3.9
5	林冲	7:40	12:01	4.35	4.0
6	阮小七	8:12	11:55	3.72	3.7
7					
8					
9	早上上班时间:		8:00		
10	上午下班时间:		12:00		

图 9-32 上班时间分析结果

分析与解答:

本例中,B 和 C 列分别给出了员工上班和下班时间,D 列中是使用公式:=(C3-B3) *

24 计算后得到的两个时间相差的小时数,但作为上班和下班时间,一般单位都有规定,例如本例中早上上班时间要求是 8 点,下班时间要求是 12 点,只要没有迟到早退,上班时间的计算应在规定时间的范围之内。因此,需要判断员工时间上班是否有迟到,下班是否有早退。因此,E2 中的公式需要结合逻辑判断:＝(IF(C3＞＄C＄10,＄C＄10,C3)−IF(B3＜＄C＄9,＄C＄9,B3))＊24。员工早于 8 点来上班,按 8 点为起始上班时间,晚于 12 点下班,按 12 点作为下班时间。

6. 分析员工加班情况

超市比较繁忙的工作时间往往是节假日和一般的休息日,因此,经常会发生员工加班的情况。"加班记录"表的左边为员工每次加班的明细表,已经有了"姓名"、"加班日期"、"起始时间"和"结束时间"4 项信息,通过(1)和(2)的分析计算,最终会增加"星期"、"加班时长"和"是否双休日"3 项内容,右边是加班汇总表,需对加班员工的"加班时长"、"双休日加班时长"进行汇总,并计算每位员工的"加班工资"。

(1) 利用员工信息表中的加班记录表中的信息,分析得到员工加班发生在星期几(需要用 2 种方法分析)和每次加班的加班时长,并判断员工是否在双休日加班,效果如图 9-33 所示。本例涉及日期时间函数(CHOOSE、WEEKDAY),文本格式转换函数(TEXT),逻辑函数(IF、OR)。

	A	B	C	D	E	F	G	H
1	姓名	加班日期	星期（1）	星期（2）	起始时间	结束时间	加班时长	是否双休日
2	宋江	2019/5/2	星期四	星期四	17:00:00	19:00:00	2	
3	武松	2019/5/1	星期三	星期三	17:00:00	19:30:00	2.5	
4	林冲	2019/5/3	星期五	星期五	17:00:00	21:00:00	4	
5	关胜	2019/5/2	星期四	星期四	17:00:00	22:30:00	5.5	
6	吴用	2019/5/4	星期六	星期六	7:30:00	12:30:00	5	是
7	武松	2019/5/5	星期日	星期日	7:30:00	12:30:00	5	是
8	林冲	2019/4/30	星期二	星期二	17:00:00	21:30:00	4.5	
9	林冲	2019/5/1	星期三	星期三	18:30:00	21:00:00	2.5	
10	关胜	2019/5/6	星期一	星期一	18:00:00	22:00:00	4	
11	吴用	2019/5/5	星期日	星期日	12:30:00	17:00:00	4.5	是
12	宋江	2019/5/4	星期六	星期六	12:30:00	17:00:00	4.5	是

… 查找 | 加班记录 | 员工上班时间 | 参数 ⊕

图 9-33 员工加班信息的分析

分析与解答:

① 准备。

在原始表格中插入 C、D、G、H 空列,并输入相应的文字。

② 以两种方法得到加班日期对应的是星期几。

从一个日期中获得星期信息的函数是 WEEKDAY(),其格式与说明如下:

● WEEKDAY(serial_number,[return_type]):返回代表一周中的第几天的数值,是一个 1—7 之间的整数。其中 serial_number 是需要查找的日期,return_type 用于确定返回数字所代表的含义,在公式输入时,系统会出现参数的取值含义对照表。

本例中 WEEKDAY()函数的 return_type 可以选择 2,获得 1—7 的数字分别对应了星期一到星期日。如果要在单元格中显示文字的星期几,可以使用 CHOOSE 函数,用数字1—7 去选择对应的星期名称进行显示。

● CHOOSE(index_num,value1,[value2],…)：根据给定的索引值,从参数串中选出相应的值或操作。

本例在 C2 单元格中输入公式：＝CHOOSE(WEEKDAY(B2,2),"星期一","星期二","星期三","星期四","星期五","星期六","星期日"),便可以根据 B2 所对应的星期几数字,将表示对应星期几的字符串显示出来。公式参数中的字符串常量一定要放在引号中。

另一种将日期转换成星期的方式是使用 TEXT()函数：

● TEXT(value,format_text)：根据指定的数值格式将数据转换成文本。

假设 D2 单元格中有日期 2019 年 8 月 21 日,表 9-1 所示为 TEXT()函数中,value 为日期时,format_text 各种形式所对应的函数值形式。

表 9-1　TEXT()函数显示日期的格式参数

format_text	含　　义	举　　例	结　　果
mmmm	显示英文月名称	＝TEXT(D2,"mmmm")	August
mmm	显示英文缩写月名称	＝TEXT(D2,"mmm")	Aug
mm	以 2 位数字形式显示月	＝TEXT(D2,"mm")	08
m	以最短数字形式显示月	＝TEXT(D2,"m")	8
dddd	显示英文星期名称	＝TEXT(D2,"dddd")	Wednesday
ddd	显示英文缩写星期名称	＝TEXT(D2,"ddd")	Wed
dd	以 2 位数字形式显示日	＝TEXT(D2,"dd")	21
d	以最短数字形式显示日	＝TEXT(D2,"d")	21
aaaa	以中文形式显示星期几	＝TEXT(D2,"aaaa")	星期三
aaa	以中文数字形式显示星期几	＝TEXT(D2,"aaa")	三
yy	以 2 位数字形式显示年	＝TEXT(D2,"yy")	19
yyyy	以 4 位数字形式显示年	＝TEXT(D2,"yyyy")	2019

本例在 D2 单元格中输入公式：＝TEXT(B2,"aaaa"),便可以得到 B2 对应日期的星期几形式。

③ 根据加班的起始和结束时间计算加班时长。

由于日期在 Excel 中是以 1 天对应数值 1 为单位,1 小时就是 1/24,两个时刻相减后得到代表多少小时的小数,乘以 24 之后才能得到我们通常说的小时数。所以,G2 单元格中的公式是：＝(F2－E2)∗24。

④ 判断员工是否在双休日加班。

由于双休日包括了星期六和星期天,针对 C 列或 D 列的星期数据,可以使用 OR(C2＝"星期六",C2＝"星期日")或 OR(D2＝"星期六",D2＝"星期日"),作为逻辑判断的条件。因此,H2 中可以输入公式：＝IF(OR(C2＝"星期六",C2＝"星期日"),"是",""),公式中两个引号连在一起表示空,即单元格中不显示任何内容。

（2）利用参数表中的信息和加班记录表中左边表格的基本信息，汇总加班记录表中每一位员工的加班情况，并为他们计算加班工资，结果如图9-34右边的表格所示。本例涉及数值函数（SUMIF、SUMIFS），查找函数（LOOKUP，MATCH），索引函数（INDEX），逻辑函数（IFERROR）。

	A	B	C	D	E	F	G	H	I	J	K	L	M
1	姓名	加班日期	星期（1）	星期（2）	起始时间	结束时间	加班时长	是否双休日		姓名	加班时长	双休日加班时长	加班工资
2	宋江	2019/5/2	星期四	星期四	17:00:00	19:00:00	2			宋江	6.5	4.5	1100
3	武松	2019/5/1	星期三	星期三	17:00:00	19:30:00	2.5			武松	7.5	5	1250
4	林冲	2019/5/3	星期五	星期五	17:00:00	21:00:00	4			林冲	11	0	1100
5	关胜	2019/5/2	星期四	星期四	17:00:00	22:30:00	5.5			关胜	9.5	0	950
6	吴用	2019/5/4	星期六	星期六	7:30:00	12:30:00	5	是		吴用	9.5	9.5	1900
7	武松	2019/5/5	星期日	星期日	7:30:00	12:30:00	5	是					
8	林冲	2019/4/30	星期二	星期二	17:00:00	21:30:00	4.5						
9	林冲	2019/5/1	星期三	星期三	18:30:00	21:00:00	2.5						
10	关胜	2019/5/6	星期一	星期一	18:00:00	22:00:00	4						
11	吴用	2019/5/1	星期三	星期三	12:30:00	17:00:00	4.5	是					
12	宋江	2019/5/4	星期六	星期六	12:30:00	17:00:00	4.5	是					
13													

图9-34 员工加班工资的计算

分析与解答：

① 计算每位员工的加班时长。

由于加班记录表中左边的表格记录了员工加班的明细，一位员工加班一次就有一条记录，所以同一员工，左边表格中多次出现的姓名对应着右边表格的一个姓名，姓名相同作为条件，对员工的加班时长进行汇总，可以使用SUMIF函数，但是由于右边表格中罗列了多位员工，这样的情况下就需要使用数组公式来完成条件求和计算，具体步骤为：选定K2:K6，输入=SUMIF(A2:A12,J2:J6,G2:G12)，按〈Ctrl〉+〈Shift〉+〈Enter〉组合键完成计算。

② 计算每位员工双休日的加班时长。

在左边表格中已经计算得到哪些加班记录属于双休日的加班，所以以姓名相一致和双休日标志为"是"这两个条件为依据计算加班时长，就需要使用SUMIFS函数，并且使用数组公式计算：选定L2:L6，输入=SUMIFS(G2:G12,A2:A12,J2:J6,H2:H12,"是")，按〈Ctrl〉+〈Shift〉+〈Enter〉组合键完成计算。

③ 计算每位员工的加班工资。

得到每位员工加班时长和双休日加班时长后，结合参数表中的两种加班单价，就可以为员工计算出加班工资：加班工资=（员工加班时长－双休日加班时长）×平时加班工资单价＋双休日加班时长×双休日加班单价。使用数组公式计算以提高效率，其计算过程为：选定M2:M6，输入=(K2:K6-L2:L6)*参数!C12+L2:L6*参数!C13，按〈Ctrl〉+〈Shift〉+〈Enter〉组合键完成计算。

7. 建立查找表方便信息的查询

随着超市信息表中内容的增加，有必要设置查询表，方便查询需要的信息。

（1）利用超市信息表中的信息，建立查找表，如图9-35所示，其中A3、A8和B8都是下拉列表，数据分别来源于员工信息表中的姓名列、出货表中的产品名称列和出货表中C1:L1的内容，在调整下拉列表中的内容后，右边对应单元格中会出现相应的信息。本例涉及查找函数（LOOKUP，MATCH），索引函数（INDEX），逻辑函数（IFERROR）。

分析与解答：

① 数据下拉列表的建立。

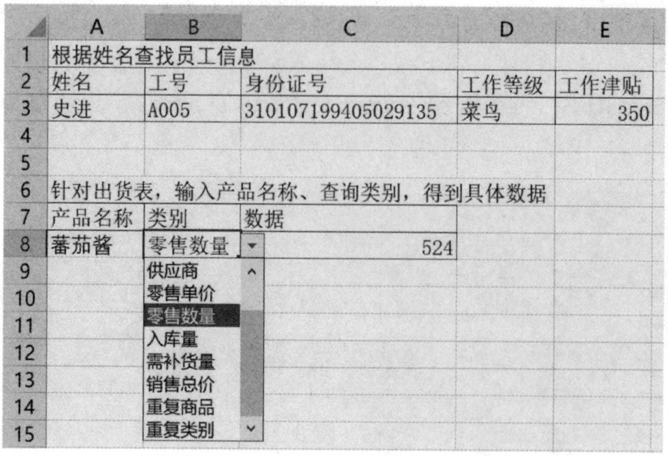

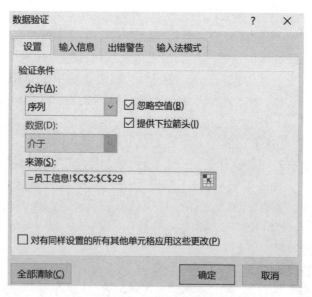

图 9-35　建立查找表

插入新工作表,并命名为"查找信息",在 A1:E2,A6:C7 区域分别输入基本文字说明。

选定 A3 单元格,单击"数据"菜单打开数据选项卡,从"数据验证"下拉列表中选择"数据验证"命令,打开"数据验证"对话框,验证条件设置为允许序列,数据来源选择员工信息表中姓名列的数据,如图 9-36 所示。这样,在 A3 单元格中就设定了选择范围为员工信息表中姓名内容的输入范围。使用类似方法可以建立 A8 单元格中的数据选择范围来自出货表中的产品名称,B8 单元格中的数据选择范围来自出货表中 C1:L1 标题内容。

图 9-36　建立下拉列表

② 根据姓名查找员工信息。

从员工信息表中,可以根据姓名查找员工工号、身份证号、工作等级、工作津贴。只有查找身份证号,可以比较方便地使用 VLOOKUP 函数实现。员工工号在姓名的左边,而工作等级、工作津贴离姓名都比较远,所以本例中这三项的查找使用 VLOOKUP 函数都不合适。

如果要根据右列的信息查找左列中相应的数据,可以使用 INDEX 配合 MATCH 函数来实现。INDEX 函数有两种参数形式：

● INDEX(array, row_num, [column_num])：在给定的单元格区域或数组常量 array 中，返回特定行列交叉处单元格(row_num,column_num)的值或引用。

● INDEX(reference, row_num, [column_num], [area_num])：针对一个或多个单元格区域 reference,返回第 area_num 个区域中(row_num,column_num)交叉单元格的值或引用。

本例中,使用 MATCH 函数,在姓名列中找到需要查找的姓名的位置,然后使用 INDEX 函数,在工号列中定位,便可以找到所需的对应工号,因此,B3 单元格中的公式为:

$$=INDEX(员工信息!B2:B29,MATCH(查找!A3,员工信息!C2:C29,0))$$

对于需要的结果数据所在列离查找数据所在列比较远的情况下,可以使用 LOOKUP() 函数进行查找,查找区域的范围包含从查找数据到结果数据所在范围的所有内容即可,因此,本例中,身份证号 C3 中所输入的公式为：$=LOOKUP(A3,员工信息!C2:D29,2,0)$

工作等级 D3 中所输入的公式为：$=INDEX(员工信息!N2:N29,MATCH\\(A3,员工信息!C2:C29,0))$

工作津贴 E3 中所输入的公式为：$=INDEX(员工信息!P2:P29,MATCH\\(A3,员工信息!C2:C29,0))$

③ 针对出货表根据产品名称和类别获得具体数据。

在出货表中,需要查询的结果在 C2:J78 的单元格区域范围中,通过 MATCH(A8,出货!B2:B78,0)函数,可以根据产品名称,得到所查询产品所在行;通过 MATCH(B8,出货!C1:J1,0)函数,可以根据类别名称得到需要查询的列数,然后使用 INDEX(出货!C2:J78,MATCH(A8,出货!B2:B78,0),MATCH(B8,出货!C1:J1,0))函数,可以在 C2:J78 范围中定位对应的行列交叉点数据。但是,由于 B8 单元格下拉列表的范围包含了重复商品和重复类别,当选择这两项之一时,查询结果会出现♯N/A 的错误,如果希望当找不到表格中的数据时,C8 单元格显示"无数据",可以使用 IFERROR()函数。

● IFERROR(value, value_if_error)：如果表达式是一个错误,则返回 value_if_error,否则返回表达式自身的值。

因此,C8 单元格中的公式为：$=IFERROR(INDEX(出货!C2:L78,MATCH(A8,出货!B2:B78,0),MATCH(B8,出货!C1:L1,0)),"无数据")$。

实验 10

结合条件格式的数据分析

实 验 目 的

1. 巩固条件格式用法的认识。
2. 能在实际数据环境中，灵活选择条件格式的方法辅助数据分析。
3. 能在条件格式中灵活运用公式。

实 验 内 容

对于比较庞大而且复杂的表格，合理的格式化可以事半功倍地完成数据分析，甚至可以利用巧妙的条件格式化方法，突出分析结果。

实验 9 的超市信息表中存在着多个比较庞大的表格，可以利用条件格式，以不同的颜色间隔来显示表中的数据，方便表格的阅读。

1. 针对 sy10 超市信息表. xlsx 中的“进货”表，将有重复的产品名称标为浅紫色底纹，对拆零单价设置蓝色渐变数据条，将库存量设置为红黄绿箭头图标集，库存量 10 以下设置为红色箭头，100 以上为绿色箭头，其他为黄色箭头，效果如图 10-1 所示，结果保存为 sy10 超市信息表 JG. xlsx。

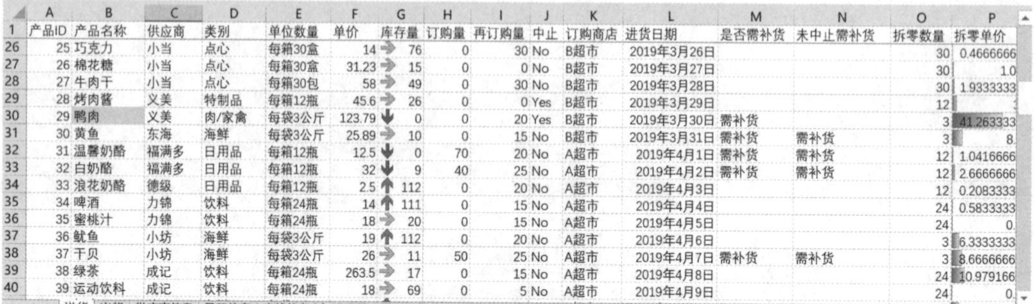

	A	B	C	D	E	F	G	H	I	J	K	L	M	N	O	P
1	产品ID	产品名称	供应商	类别	单位数量	单价	库存量	订购量	再订购量	中止	订购商店	进货日期	是否需补货	未中止需补货	拆零数量	拆零单价
26	25	巧克力	小当	点心	每箱30盒	14	76	0	30	No	B超市	2019年3月26日			30	0.4666666
27	26	棉花糖	小当	点心	每箱30盒	31.23	15	0	0	No	B超市	2019年3月27日			30	1.0
28	27	牛肉干	小当	点心	每箱30包	58	49	0	30	No	B超市	2019年3月28日			30	1.9333333
29	28	烤肉酱	义美	特制品	每箱12瓶	45.6	26	0	0	Yes	B超市	2019年3月29日			12	3
30	29	鸭肉	义美	肉/家禽	每袋3公斤	123.79	0	0	20	Yes	B超市	2019年3月30日	需补货		3	41.263333
31	30	黄鱼	东海	海鲜	每袋3公斤	25.89	10	0	15	No	B超市	2019年3月31日	需补货	需补货	3	8.
32	31	温馨奶酪	福满多	日用品	每箱12瓶	12.5	0	70	20	No	A超市	2019年4月1日	需补货	需补货	12	1.0416666
33	32	白奶酪	福满多	日用品	每箱12瓶	32	9	40	25	No	A超市	2019年4月2日	需补货	需补货	12	2.6666666
34	33	浪花奶酪	德级	日用品	每箱12瓶	2.5	112	0	20	No	A超市	2019年4月3日			12	0.2083333
35	34	啤酒	力锦	饮料	每箱24瓶	14	111	0	15	No	A超市	2019年4月4日			24	0.5833333
36	35	蜜桃汁	力锦	饮料	每箱24瓶	18	20	0	15	No	A超市	2019年4月5日			24	0.
37	36	鱿鱼	小坊	海鲜	每袋3公斤	19	112	0	20	No	A超市	2019年4月6日			3	6.3333333
38	37	干贝	小坊	海鲜	每袋3公斤	26	11	50	25	No	A超市	2019年4月7日	需补货	需补货	3	8.6666666
39	38	绿茶	成记	饮料	每箱24瓶	263.5	17	0	15	No	A超市	2019年4月8日			24	10.979166
40	39	运动饮料	成记	饮料	每箱24瓶	18	69	0	5	No	A超市	2019年4月9日			24	0.

图 10-1　重复值、数据条和图标集格式的设置

分析与解答：

(1) 设置重复值格式。

选定 B2:B78,选择"开始"选项卡中"样式"区域的"条件格式"下拉列表中的"突出显示单元格规则"下面的"重复值"命令,如图 10-2 所示,打开"重复值"对话框,如图 10-3 所示,将重复值设置为自定义格式,底纹颜色为浅紫色。

在"重复值"对话框中,选择"唯一"值,可以设置所选区域不重复的唯一值的格式。

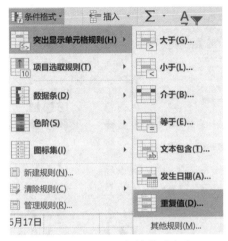

图 10-2 设置重复值格式命令

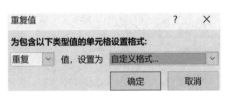

图 10-3 "重复值"对话框

(2) 设置拆零单价以蓝色数据条格式显示。

选定 P2:P78 区域,选择"开始"选项卡中"样式"区域的"条件格式"下拉列表中的"数据条"下面"渐变填充"的"蓝色数据条"命令,如图 10-4 所示,便完成了设置。

(3) 库存量设置红黄绿箭头图标集。

选定 G2:G78 区域,选择"开始"选项卡中"样式"区域的"条件格式"下拉列表中的"图标集"下面"其他规则"命令,如图 10-5 所示,打开如图 10-6 所示的"新建格式规则"对话框,在该对话框中,默认选定的是"基于各自值设置所有单元格的格式",在图标样式下拉列表中选择红、黄、绿三箭头图标,将绿色箭头的值设置为 100,类型选择数字,黄色箭头的值设置为 10,类型选择数字,单击确定。

由于以上都是使用条件格式进行设置,当数据发生变化时,符合条件的数据会根据设置突出显示出来。

2. 针对 sy10 超市信息表.xlsx 中的"供应商信息"表,除第一行数据说明外,请将其余各行设置为偶数行带浅蓝色底纹显示,要求在表格中插入数据行后,格式保持不变,效果如图 10-7 所示。

分析与解答：

使用带公式的条件格式,可以设置符合条件区域指定的格式。本题设置的步骤如下：

(1) 选定用于设置格式的区域 A2:K30。

(2) 选择"开始"选项卡中"样式"区域的"条件格式"下拉列表中的"新建规则"命令,打开"新建格式规则"对话框,选中"选择规格类型"中的"使用公式确定要设置格式的单元格",并在编辑规则说明中输入公式＝MOD(ROW( ),2)＝1,如图 10-8 所示,单击"预览"右侧的"格式"按钮,打开"设置单元格格式"对话框,如图 10-9 所示,选择合适的填充颜色。

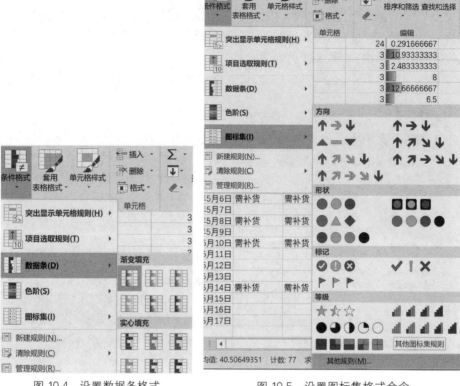

图 10-4　设置数据条格式

图 10-5　设置图标集格式命令

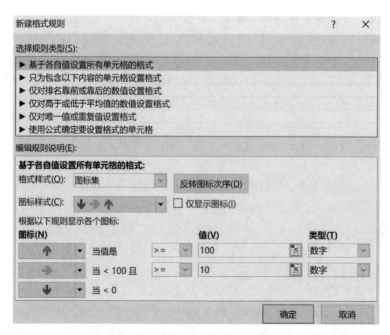

图 10-6　"新建格式规则"对话框

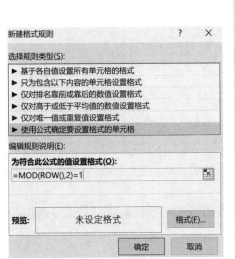

	A	B	C	D	E	F	G	H	I	J	K
1	供应商	联系人	城市邮编	街道地址	电话号码	城市	邮编	城市地址	街道号码	区号	市话号码
2	佳佳乐	董卓	石家庄050007	光明北路854号	0311-97658386	石家庄	050007	石家庄光明北路854号	854	0311	97658386
3	康富食品	吕布	海口567075	明成街19号	0898-712143	海口	567075	海口明成街19号	19	0898	712143
4	妙生	貂蝉	天津300755	重阳路567号	022-9113568	天津	300755	天津重阳路567号	567	022	9113568
5	为全	陈宫	大连116654	冀州西路6号	0411-85745549	大连	116654	大连冀州西6号	6	0411	85745549
6	日正	马腾	天津300755	新技术开发区43号	022-81679931	天津	300755	天津新技术开发区43号	43	022	81679931
7	德昌	韩遂	长春130745	志新路37号	0431-5327434	长春	130745	长春志新路37号	37	0431	5327434
8	正一	袁绍	重庆488705	志明东路84号	852-6970831	重庆	488705	重庆志明东路84号	84	852	6970831
9	菊花	颜良	天津300755	明正东街12号	022-71657062	天津	300755	天津明正东街12号	12	022	71657062

进货 出货 供应商信息 员工信息 查找 加班记录 员工上班时间 参数

图 10-7 设置隔行底纹显示数据

图 10-8 输入隔行底纹显示数据规则公式

图 10-9 设置底纹颜色

3. 针对 sy10 超市信息表.xlsx 中的"员工信息"表,将"A 超市"所在行和每隔 2 列的一列设置为红色文字浅黄色底纹的效果,如图 10-10 所示。

	A	B	C	D	E	F	G	H	I	J	K
1	零售商店	员工工号	姓名	身份证号	电子邮箱	登录账号	密码	性别	出生日期	当年年龄	实足年龄	入
2	A超市	A001	宋江	217824197107161387	xusir2016@yahoo.cn	XUSIR2016	161380	女	1971/7/16	48	48	1
3	A超市	A002	李逵	123262196507278063	periswallow@126.com	PERISWALLOW	278060	女	1965/7/27	54	54	1
4	B超市	B001	史进	426671197006208279	acmmjiang@yahoo.cn	ACMMJIANG	208270	男	1970/6/20	49	49	1
5	B超市	B002	关胜	713386197202053293	ynlyf100@sina.com	YNLYF100	053290	男	1972/2/5	47	47	1
6	B超市	B003	吴用	151495198402230032	catrinajy@gmail.com	CATRINAJY	230030	男	1984/2/23	35	35	1
7	B超市	B004	武松	12720519690208698X	leafivy@163.com	LEAFIVY	086980	女	1969/2/8	50	50	1
8	A超市	A003	林冲	366695198408142167	cany315@sohu.com	CANY315	142160	男	1984/8/14	35	35	1
9	A超市	A004	阮小七	310107199401231241	zhang_ecnu@163.com	ZHANG_ECNU	231240	女	1994/1/23	25	25	1
10	A超市	A005	柴进	310107199405029135	sakuraforever911@yahoo.cn	SAKURAFOREVER911	029130	男	1994/5/2	25	25	1
11	A超市		燕青	310107199702012193	xuanlingmuwjj@yahoo.cn	XUANLINGMUWJJ	012190	男	1997/2/1	22	22	1
12	B超市	B005	杨志	310107199104016891	wangjia512@sohu.com	WANGJIA512	016890	男	1991/4/1	28	28	2

进货 出货 供应商信息 员工信息 查找 加班记录 员工上班时间 参数

图 10-10 员工信息表的格式设置

分析与解答:

使用条件格式,在规则类型中选择"使用公式确定要设置格式的单元格",并在编辑规则说明中输入公式:=OR($A2="A 超市",MOD(COLUMN( ),3)=0)。该公式涉及两个条件:行中 A 列数据="A 超市",用 $A2 单元格表示 A 列中从第 2 行开始的下面各行;列需要满足列号是 3 的倍数,这两个条件都要起作用,所以使用 OR 函数。

4. 针对 sy10 超市信息表.xlsx 中的"出货"表,将 B 超市需补货的产品名称标出黄色底纹,效果如图 10-11 所示。

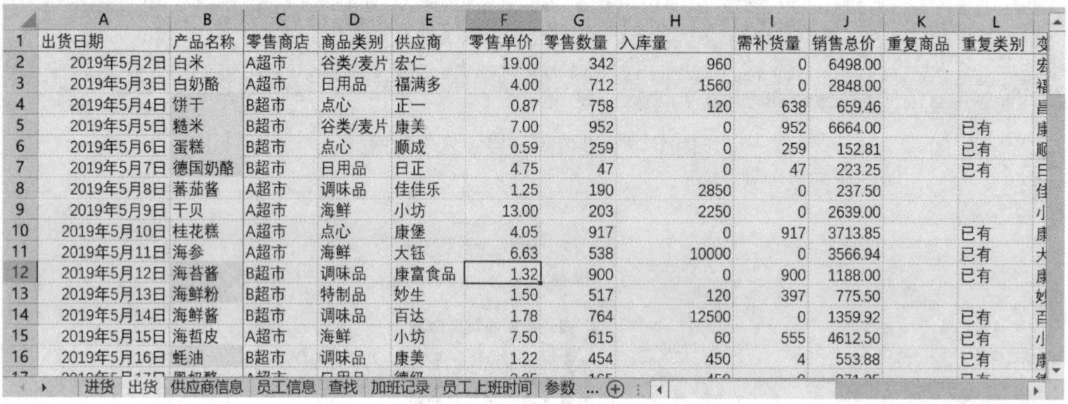

	A	B	C	D	E	F	G	H	I	J	K	L	
1	出货日期	产品名称	零售商店	商品类别	供应商	零售单价	零售数量	入库量	需补货量	销售总价	重复商品	重复类别	
2	2019年5月2日	白米	A超市	谷类/麦片	宏仁	19.00	342	960	0	6498.00			宏
3	2019年5月3日	白奶酪	A超市	日用品	福满多	4.00	712	1560	0	2848.00			福
4	2019年5月4日	饼干	B超市	点心	正一	0.87	758	120	638	659.46			昌
5	2019年5月5日	糙米	B超市	谷类/麦片	康美	7.00	952	0	952	6664.00	已有		康
6	2019年5月6日	蛋糕	B超市	点心	顺成	0.59	259	0	259	152.81	已有		顺
7	2019年5月7日	德国奶酪	B超市	日用品	日正	4.75	47	0	47	223.25	已有		日
8	2019年5月8日	蕃茄酱	A超市	调味品	佳佳乐	1.25	190	2850	0	237.50			佳
9	2019年5月9日	干贝	A超市	海鲜	小坊	13.00	203	2250	0	2639.00			小
10	2019年5月10日	桂花糕	A超市	点心	康堡	4.05	917	0	917	3713.85	已有		康
11	2019年5月11日	海参	A超市	海鲜	大钰	6.63	538	10000	0	3566.94	已有		大
12	2019年5月12日	海苔酱	B超市	调味品	康富食品	1.32	900	0	900	1188.00	已有		刘
13	2019年5月13日	海鲜粉	B超市	特制品	妙生	1.50	517	120	397	775.50			妙
14	2019年5月14日	海鲜酱	B超市	调味品	百达	1.78	764	12500	0	1359.92			百
15	2019年5月15日	海哲皮	A超市	海鲜	小坊	7.50	615	60	555	4612.50	已有		小
16	2019年5月16日	蚝油	B超市	调味品	康美	1.22	454	450	4	553.88	已有		康
17	2019年5月17日	黑奶酪	A超市	日用品	德绍	2.25	165	450	0	371.25			

进货 | 出货 | 供应商信息 | 员工信息 | 查找 | 加班记录 | 员工上班时间 | 参数 ...

图 10-11　出货表中 B 超市需补货的产品

分析与解答:

首先选定需要设置格式的范围 B2:B78,再打开"新建格式规则"对话框输入公式:=AND($I2>0,$C2="B超市")。公式中用$I2 表示第 I 列第 2 行的单元格及其下方的所有单元格,$C2 表示第 C 列第 2 行单元格及其下方的所有单元格,两个条件同时满足时,才设置黄色底纹,所以用 AND 函数。

5. 针对 sy10 超市信息表.xlsx 中的"出货"表,将 A 超市零售数量最多的商品类别和供应商数据标浅绿色底纹,效果如图 10-12 所示。

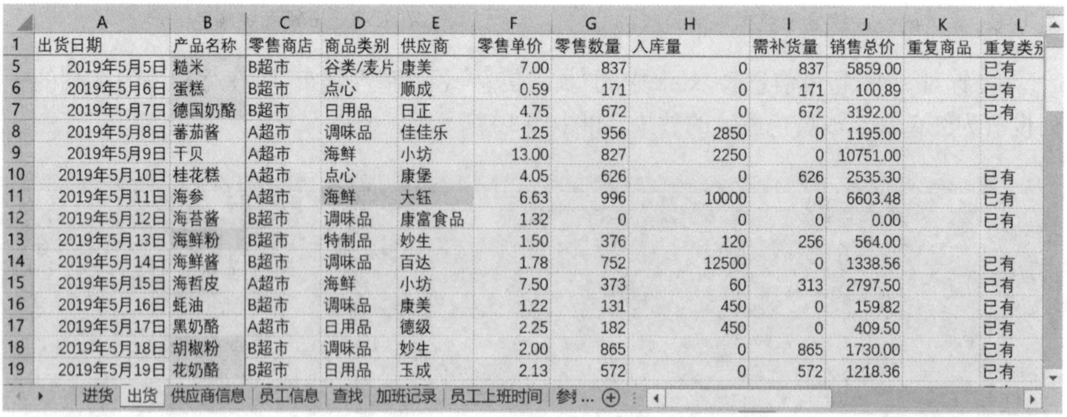

	A	B	C	D	E	F	G	H	I	J	K	L
1	出货日期	产品名称	零售商店	商品类别	供应商	零售单价	零售数量	入库量	需补货量	销售总价	重复商品	重复类别
5	2019年5月5日	糙米	B超市	谷类/麦片	康美	7.00	837	0	837	5859.00	已有	
6	2019年5月6日	蛋糕	B超市	点心	顺成	0.59	171	0	171	100.89	已有	
7	2019年5月7日	德国奶酪	B超市	日用品	日正	4.75	672	0	672	3192.00	已有	
8	2019年5月8日	蕃茄酱	A超市	调味品	佳佳乐	1.25	956	2850	0	1195.00		
9	2019年5月9日	干贝	A超市	海鲜	小坊	13.00	827	2250	0	10751.00		
10	2019年5月10日	桂花糕	A超市	点心	康堡	4.05	626	0	626	2535.30		已有
11	2019年5月11日	海参	A超市	海鲜	大钰	6.63	996	10000	0	6603.48		已有
12	2019年5月12日	海苔酱	B超市	调味品	康富食品	1.32	0	0	0	0.00		已有
13	2019年5月13日	海鲜粉	B超市	特制品	妙生	1.50	376	120	256	564.00		已有
14	2019年5月14日	海鲜酱	B超市	调味品	百达	1.78	752	12500	0	1338.56		已有
15	2019年5月15日	海哲皮	A超市	海鲜	小坊	7.50	373	60	313	2797.50		已有
16	2019年5月16日	蚝油	B超市	调味品	康美	1.22	131	450	0	159.82		已有
17	2019年5月17日	黑奶酪	A超市	日用品	德级	2.25	182	450	0	409.50		已有
18	2019年5月18日	胡椒粉	B超市	调味品	妙生	2.00	865	0	865	1730.00		已有
19	2019年5月19日	花奶酪	A超市	日用品	玉成	2.13	572	0	572	1218.36		已有

进货 | 出货 | 供应商信息 | 员工信息 | 查找 | 加班记录 | 员工上班时间 | 参 ...

图 10-12　出货表中 A 超市零售数量最高的供应商

分析与解答:

本题中,需要设置格式的是 D2:E78,因此,先选定此区域,然后再使用条件格式,条件格式中,所设置的规则公式为:=AND($C2="A超市",$G2=MAX($G$2:$G$78))。

6. 针对 sy10 超市信息表.xlsx 中的"供应商信息"表,将街道地址在开发区的市话号码的文字设置为红色加粗,效果如图 10-13 所示。

　数据分析与大数据实践实验指导

街道地址	电话号码	城市	邮编	城市地址	街道号码	区号	市话号码
光明北路854号	0311-97658386	石家庄	050007	石家庄光明北路854号	854	0311	97658386
明成街19号	0898-712143	海口	567075	海口明成街19号	19	0898	712143
重阳路567号	022-9113568	天津	300755	天津重阳路567号	567	022	9113568
冀州西街6号	0411-85745549	大连	116654	大连冀州西街6号	6	0411	85745549
新技术开发区43号	022-81679931	天津	300755	天津新技术开发区43号	43	022	81679931
志新路37号	0431-5327434	长春	130745	长春志新路37号	37	0431	5327434
志明东路84号	852-6970831	重庆	488705	重庆志明东路84号	84	852	6970831
明正东街12号	022-71657062	天津	300755	天津明正东街12号	12	022	71657062
高新技术开发区3号	0431-8293735	长春	130745	长春高新技术开发区3号	3	0431	8293735
津东街19号	022-68523326	天津	300755	天津津东街19号	19	022	68523326
吴越大街35号	0577-64583321	温州	325904	温州吴越大街35号	35	0577	64583321
新技术开发区36号	0311-82455173	石家庄	050125	石家庄新技术开发区36号	36	0311	82455173
崇明路9号	025-97251968	南京	210453	南京崇明路9号	9	025	97251968
崇明西路丁93号	0791-56177810	南昌	330975	南昌崇明西路丁93号	93	0791	56177810
陆家嘴开发区58号	021-87932187	上海	200098	上海陆家嘴开发区58号	58	021	87932187

进货 出货 供应商信息 员工信息 查找 加班记录 员工上班时间 …

图 10-13 供应商信息表中设置开发区电话号码为红色

分析与解答：

使用公式 SEARCH("开发区", $D2)，可以得到开发区在 D2 单元格字符中的位置，如果 D2 单元格中没有"开发区"文字，则会出现♯VALUE! 的出错信息。由于用于设置条件格式的公式必须能得到逻辑值 True 或 False，可以使用 ISERROR 函数对 SEARCH 函数的运行结果进行判断，如果字符串中没有"开发区"，则 SEARCH 的结果是出错信息，ISERROR(SEARCH())的结果就是 True。但因为需要对街道地址包含了"开发区"的市话号码设置格式，因此需要将 True 和 False 取反，因此，需要对 ISERROR 函数的处理结果使用 NOT()函数。

● ISERROR(value)：检查 value 的值是否为错误(♯N／A，♯VALUE!，♯REF!，♯DIV／0!，♯NUM!，♯NAME? 或♯NULL!，错误信息的含义见表 10-1)，返回 TRUE 或 FALSE。

表 10-1　错误信息的含义

错误信息	含　义	举　例
♯N／A	当函数参数中找不到可用的值时产生的错误信息	LOOKUP、MATCH 函数中，需要查找的值在查找表格中找不到时
♯VALUE!	在公式或函数中，操作数或参数的数据类型不匹配时，如应该是数值或逻辑值时，却使用了文本类型	＝"AA"＋3
♯REF!	公式或函数中引用了无效的单元格	LOOKUP 函数中第 2 个参数是需要查阅的表，该表只有 2 列，但第 3 个参数却是大于 2 的数值时
♯DIV／0!	除数是 0 时产生的错误	＝5／0
♯NUM!	公式或函数中的数值超出范围($-1 \times 10^{307} - 1 \times 10^{308}$)，或不在参数允许的范围内	＝SQRT(-5)

错误信息	含 义	举 例
#NAME?	公式或函数中的参数是不存在的名称	如果没有给区域或单元格名为ABC,但公式中有=SUM(ABC)
#NULL!	公式或函数中的参数引用不正确	=SUM(G8:G11 K4:K6),两个区域没有交集,求和项实际不存在

● NOT(value):对参数 value 的逻辑值求反,value 为 TRUE 时,结果为 FALSE,value 为 FALSE 时,结果为 TRUE。

本题选定供应商信息表中的 K2:K30 区域后,使用条件格式设置文字格式为红色加粗,规则公式为:=NOT(ISERROR(SEARCH("开发区",＄D2)))。

实验 11

基于 Excel 的数据分析综合实践

实 验 目 的

1. 理解函数公式在具体应用中如何进行数据分析。
2. 能使用合适的函数对各种类型的数据进行分析,以得到有意义的结果。

实 验 内 容

本实验所用素材为 sy11-1. XLSX 文件,完成实验后,保存为 sy11-1JG. XLSX。同类问题的分析公式只能填写在最上方第一个单元格中,然后通过复制公式完成其他同列单元格的计算。

1. 某校教师在开学前需要根据学生的基本信息,完善学生信息表中的数据,并为每位学生设置邮箱,重新安排学生宿舍等,请根据素材文件中“学生信息”表中的基本信息和“参数”表中的数据及相关说明,使用合适的函数,填写学生信息表中的 D:S 各列数据,A:K 列效果如图 11-1 样张所示,K:Q 列效果如图 11-2 所示。

	A	B	C	D	E	F	G	H	I	J	K	L	M	N	O	P	Q	R	S
1	学号	姓名电话	身份证号	姓名	性别	院系	入学年份	年级	班级	宿舍	电子邮箱	联系电话	出生日期	年龄	家庭所在省份	家长	来自自治区的学生电话	账号	密码
2	201827101	董卓13345678435	217824199907163245	董卓	女	中文系	2018	2	1	F2721	201827101@JXU.EDU.CN	13345678435	1999/7/16	20	辽宁省	董先生		45678435	f7163205
3	201727102	吕布13642890321	123262199807278457	吕布	男	中文系	2017	3	1	M2731	201727102@JXU.EDU.CN	13642890321	1998/7/27	21	天津市	吕先生		42890321	m7278057
4	201727103	貂蝉13821890456	426671199906208765	貂蝉	女	中文系	2017	3	1	F2731	201727103@JXU.EDU.CN	13821890456	1999/6/20	20	湖北省	貂先生		21890456	f6208765
5	201727104	陈宫13367820945	713386199902053293	陈宫	男	中文系	2017	3	1	M2731	201727104@JXU.EDU.CN	13367820945	1999/2/5	20	台湾	陈先生		67820945	m2053293
6	201727105	马腾13358934582	151495199802230032	马腾	男	中文系	2017	3	1	M2731	201727105@JXU.EDU.CN	13358934582	1998/2/23	21	内蒙古自治区	马先生	13358934582	58934582	m2230032
7	201727106	韩遂13742334567	12720519990208698X	韩遂	女	中文系	2017	3	1	F2731	201727106@JXU.EDU.CN	13742334567	1999/2/8	20	天津市	韩先生		42334567	f208698X
8	201727107	袁绍13588980887	366695200008142167	袁绍	女	中文系	2017	3	1	F2731	201727107@JXU.EDU.CN	13588980887	2000/8/14	19	江西省	袁先生		88980887	f8102167
9	201727108	颜良13677834532	310107199901231542	颜良	女	中文系	2017	3	1	F2731	201727108@JXU.EDU.CN	13677834532	1999/1/23	20	上海市	颜先生		77834532	f1231502
10	201727109	袁术021-76345621	310107199905029135	袁术	男	中文系	2017	3	1	M2731	201727109@JXU.EDU.CN	021-76345621	1999/5/2	20	上海市	袁先生		76345621	m5029135
11	201827110	公孙瓒13688776654	310107199902012193	公孙瓒	男	中文系	2018	2	1	M2721	201827110@JXU.EDU.CN	13688776654	1999/2/1	20	上海市	公先生		88776654	m2012193
12	201827111	刘表13300984543	310107199804016891	刘表	男	中文系	2018	2	1	M2721	201827111@JXU.EDU.CN	13300984543	1998/4/1	21	上海市	刘先生		00984543	m0016891
13	201827112	刘璋021-56738902	310107199909029847	刘璋	女	中文系	2018	2	1	F2721	201827112@JXU.EDU.CN	021-56738902	1999/9/2	20	上海市	刘先生		56738902	f9029807
14	201827201	严颜13337784652	310217199908013284	严颜	女	中文系	2018	2	2	F2722	201827201@JXU.EDU.CN	13337784652	1999/8/1	20	上海市	严先生		37784652	f8013280
15	201827202	魏延021-33458890	310107199902122342	魏延	女	中文系	2018	2	2	F2722	201827202@JXU.EDU.CN	021-33458890	1999/2/12	20	上海市	魏先生		33458890	f2122302
16	201827203	马岱13699872231	310107199808017387	马岱	女	中文系	2018	2	2	F2722	201827203@JXU.EDU.CN	13699872231	1998/8/1	21	上海市	马先生		99872231	f8017387
17	201827204	张松13339676543	310107199903027748	张松	女	中文系	2018	2	2	F2722	201827204@JXU.EDU.CN	13339676543	1999/3/2	20	上海市	张先生		39676543	f3027708
18	201727205	邓芝13233423436	530338199903031831	邓芝	男	中文系	2017	3	2	M2732	201727205@JXU.EDU.CN	13233423436	1999/3/3	20	云南省	邓先生		33423436	m3031831
19	201827113	马谡15822938302	310107199806030829	马谡	女	中文系	2018	2	1	F2721	201827113@JXU.EDU.CN	15822938302	1998/6/3	21	上海市	马先生		22938302	f6030829
20	201827207	孟获13677802365	310107199903018594	孟获	男	中文系	2018	2	2	M2722	201827207@JXU.EDU.CN	13677802365	1999/3/1	20	上海市	孟先生		77802365	m3018590
21	201827208	姜维058-34268392	521065199804212615	姜维	男	中文系	2018	2	2	M2722	201827208@JXU.EDU.CN	058-34268392	1998/4/21	21	贵州省	姜先生		34268392	m0212615
22	201727209	夏侯霸13899213456	238132199912122123	夏侯霸	女	中文系	2017	3	2	F2732	201727209@JXU.EDU.CN	13899213456	1999/12/12	19	黑龙江省	夏先生		99213456	f2122123
23	201827210	孙坚13633898765	320324199902182214	孙坚	男	中文系	2018	2	2	M2722	201827210@JXU.EDU.CN	13633898765	1999/2/18	20	江苏省	孙先生		33898765	m2182210
24	201727211	孙策13399865443	217824199908261115	孙策	男	中文系	2017	3	2	M2732	201727211@JXU.EDU.CN	13399865443	1999/8/26	20	辽宁省	孙先生		99865443	m8261115
25	201727212	于吉13674659300	123262199906218231	于吉	男	中文系	2017	3	2	M2732	201727212@JXU.EDU.CN	13674659300	1999/6/21	20	天津市	于先生		74659300	m6218231
26	201727213	孙权13567675432	426671199906118629	孙权	女	中文系	2017	3	2	F2732	201727213@JXU.EDU.CN	13567675432	1999/6/11	20	湖北省	孙先生		67675432	f6118629
27	201727214	孙皓13388798909	521065199801212621	孙皓	女	中文系	2017	3	2	F2732	201727214@JXU.EDU.CN	13388798909	1998/1/21	21	贵州省	孙先生		88798909	f1212621
28	201827215	周瑜13498763423	238132199910111133	周瑜	男	中文系	2018	2	2	M2722	201827215@JXU.EDU.CN	13498763423	1999/10/11	19	黑龙江省	周先生		98763423	m0111133
29	201727216	鲁肃13678345432	320324199911082324	鲁肃	女	中文系	2017	3	2	F2732	201727216@JXU.EDU.CN	13678345432	1999/11/8	19	江苏省	鲁先生		78345432	f1082320
30	201727217	诸葛瑾13348762390	320324199902182214	诸葛瑾	男	中文系	2017	3	2	M2732	201727217@JXU.EDU.CN	13348762390	1999/2/18	20	江苏省	诸先生		48762390	m2182210
31	201815101	史进13309808076	310129199905224312	史进	男	体育系	2018	2	1	M1521	201815101@JXU.EDU.CN	13309808076	1999/5/22	20	上海市	史先生		09808076	m5220312
32	201815102	关胜13345678901	310107199901056468	关胜	女	体育系	2018	2	1	F1521	201815102@JXU.EDU.CN	13345678901	1999/1/5	20	上海市	关先生		45678901	f1056068

图 11-1

图 11-2

学号	姓名电话	电子邮箱	联系电话	出生日期	年龄	家庭所在省份	家长	来自自治区的学生电话	账号	密码
201827101	董卓13345678435	201827101@JXU.EDU.CN	13345678435	1999/7/16	20	辽宁省	董先生		45678435	f7163205
201727102	吕布13642890321	201727102@JXU.EDU.CN	13642890321	1998/7/27	21	天津市	吕先生		42890321	m7278057
201727103	貂蝉13821890456	201727103@JXU.EDU.CN	13821890456	1999/6/20	20	湖北省	貂先生		21890456	f6208765
201727104	陈宫13367820945	201727104@JXU.EDU.CN	13367820945	1999/2/5	20	台湾	陈先生		67820945	m2053293
201727105	马腾13358934582	201727105@JXU.EDU.CN	13358934582	1998/2/23	21	内蒙古自治区	马先生	13358934582	58934582	m2230032
201727106	韩遂13742334567	201727106@JXU.EDU.CN	13742334567	1999/2/8	20	天津市	韩先生		42334567	f208698X
201727107	袁绍13588980887	201727107@JXU.EDU.CN	13588980887	2000/8/14	19	江西省	袁先生		88980887	f8102167
201727108	颜良13677834532	201727108@JXU.EDU.CN	13677834532	1999/1/23	20	上海市	颜先生		77834532	f1231502
201727109	袁术021-7634562	201727109@JXU.EDU.CN	021-76345621	1999/5/2	20	上海市	袁先生		76345621	m5029135
201827110	公孙瓒13688776654	201827110@JXU.EDU.CN	13688776654	1999/2/1	20	上海市	公先生		88776654	m2012193
201827111	刘表13300984543	201827111@JXU.EDU.CN	13300984543	1998/4/1	21	上海市	刘先生		00984543	m0016891
201827112	刘璋021-56738902	201827112@JXU.EDU.CN	021-56738902	1999/9/2	20	上海市	刘先生		56738902	f9029807
201827201	严丽13337784652	201827201@JXU.EDU.CN	13337784652	1999/8/1	20	上海市	严先生		37784652	f8013280
201827202	魏延021-33458890	201827202@JXU.EDU.CN	021-33458890	1999/2/12	20	上海市	魏先生		33458890	f2122302

（1）从 B 列姓名电话数据中，获得 D 列的姓名和 L 列的电话，并生成 P 列的家长信息。

（2）从 C 列的身份证号码中，获得 E 列的性别、M 列的出生日期、O 列的家庭所在省份。

（3）从 M 列出生日期中，获得目前的实足年龄。（由于本例运行时间不同，得到的实足年龄可能与图 11-2 中的不同，本例图仅供参考，以公式正确为准。）

（4）从 A 列学号中，获得 F 列系别、G 列入学年份、班级。

（5）利用学号和"参数"表 B9 中的邮箱域名生成邮箱放在 K 列中。

（6）根据入学年份计算出学生在 2019 年 10 月时所在年级，放入 H 列中。

（7）根据学生来自的省份和电话号码，获得 Q 列来自自治区的学生电话，该列只显示来自自治区的学生电话，其他学生电话不显示。

操作提示：

（1）可以参照实验 8 的 6，使用 LEFT、RIGHT、LEN、LENB、CONCATENATE 函数完成本题。

（2）身份证号码从左开始，前 2 位代表省份名称，第 7—10 位代表出生年份，第 11、12 位代表出生月份，第 13、14 位代表出生日，第 17 位代表性别，奇数为男，偶数为女。身份证前 2 位对应的省份名称见"参数"表 A12:B45。可以使用 IF、MOD、MID、DATE 函数，参照【例 4-2-11】完成身份证号码中获取性别和出生日期的操作；获取家庭所在省份需要用到三维引用，在 O2 中的公式参考：＝VLOOKUP（－－LEFT（C2,2），参数！$A$12:$B$45,2,FALSE）。

（3）本题可以参照实验 9 中 4（2），使用 DATEDIF 函数得到结果。

（4）本题请参照实验 9 的 7，F 列系别数据可以使用 INDEX、MATCH、MID 函数，以及将文本类型转换成数值类型的双负号运算得到结果，学号编码说明见"参数"表 A1:B7；入学年份可以使用 LEFT 函数轻松得到。F2 中的公式参考：

＝INDEX（参数！$A$3:$A$7,MATCH（－－MID（A2,5,2），参数！$B$3:$B$7,0））

（5）本题使用 CONCATENATE 函数，配合三维引用，连接文本即可完成。

（6）本题可以使用 YEAR、DATE 函数运算得到，G2 单元格的参考公式：

＝YEAR（DATE（2019,10,1））－G2＋1

（7）可以使用 IF、ISERROR、SEARCH 函数或 FIND 函数，根据家庭所在省份（O 列）和联系电话（L 列）信息获取来自自治区的学生电话（Q 列），Q2 单元格参考公式：

$$=IF(ISERROR(SEARCH("自治区",O2)),"",L2)$$

2. 假设一间学生宿舍最多可以住 4 个学生,请对学生信息表中的基本信息进行汇总,T62:T88 为汇总项目,U62:U88 请填入合适的公式,对 A1:S60 表格中的基本信息进行汇总,汇总效果如图 11-3 所示。

操作提示:

(1) 可以对需要多次参与计算的 E、F、G、H 和 I 各列数据先命名,再利用名称放入公式,使公式复制后区域不发生变化。可以使用〈Ctrl〉+〈F3〉快捷组合键实现快速命名。

(2) U62:U69 中是要计算满足一个条件的数据统计,可以使用 COUNTIF 函数运算得到结果。

(3) U70:U85 区域中,需要计算满足两个条件的数据统计,可以使用 COUNTIFS 函数运算得到结果。

(4) U86 中,需要计算学生占用宿舍房间数,由于 U70:U85 的计算结果中,学生人数没有超过 4 人的,所以一个数据对应一个房间,可以使用 COUNT 来统计需要的学生宿舍房间数。

(5) U87 中,姓名中包含孙的人数,可以使用 COUNTIF 与 * 通配符结合,进行模糊匹配的方法来运算。

	T	U
1		
62	男生人数	28
63	女生人数	31
64	中文系人数	29
65	体育系人数	30
66	2年级人数	28
67	3年级人数	31
68	1班人数	28
69	2班人数	31
70	中文系2年级1班女生人数	3
71	中文系2年级1班男生人数	2
72	中文系2年级2班女生人数	4
73	中文系2年级2班男生人数	4
74	中文系3年级1班女生人数	4
75	中文系3年级1班男生人数	4
76	中文系3年级2班女生人数	4
77	中文系3年级2班男生人数	4
78	体育系2年级1班女生人数	4
79	体育系2年级1班男生人数	3
80	体育系2年级2班女生人数	4
81	体育系2年级2班男生人数	4
82	体育系3年级1班女生人数	4
83	体育系3年级1班男生人数	4
84	体育系3年级2班女生人数	4
85	体育系3年级2班男生人数	3
86	学生占用的宿舍房间数	16
87	姓名中包含孙的学生人数	6
88	2月份出生的女生	2

图 11-3

(6) U88 中,需要分析得到的是 2 月份出生的女生,由于数据中只有出生日期,没有单独的出生月份,无法用 COUNTIFS 直接统计,需要使用 SUM 和 IF 相结合的方法进行统计,并结合数组公式,U88 中的公式参考为:

$$\{=SUM(IF(XB="女",IF(MONTH(M2:M60)=2,1,0)))\}$$

其中,XB 为 E2:E60 的名称,已提前命名。

3. 根据已有的信息为学生分配宿舍,分配原则是根据学生性别,对应"参数"表中 A47:B49 中的宿舍代码、联合学生学号中院系代码(A 列从左开始的第 5 和 6 位)、联合学生的年级(H 列)和班级代码(I 列),得到学生应该入住的宿舍及房间号码,结果如图 11-1 的 J 列所示。在完成宿舍分配后,在 J61 单元格汇总宿舍房间总数,并于 U86 的计算结果比较是否一致。

操作提示:

(1) 可以使用 CONCATENATE、VLOOKUP、MID 函数,结合三维引用,将学生宿舍名称确定下来,J2 单元格中的公式参考:

=CONCATENATE(VLOOKUP(E2,参数! ＄A＄48:＄B＄49,2,FALSE),MID(学生信息! A2,5,2),学生信息! H2,学生信息! I2)

(2) 在 J2:J60 区域中都填充了学生宿舍名称之后,可以参考实验 8 的 8 中"等级分类数"的统计方法,分析宿舍数量。

4. 根据 L 列电话号码的右 8 位获得 R 列的账号,根据宿舍首字母小写与身份证号右 7 位组合成密码,其中所获得的身份证号中的 4 用 0 取代。效果如图 11-2 所示。

操作提示:

(1) 可以使用 RIGHT 函数获取 R 列账号。

(2) 可以使用 SUBSTITUTE、CONCATENATE、LOWER、LEFT、RIGHT 函数,获取密码,R2 中的公式参考:

$$= SUBSTITUTE\,(CONCATENATE\,(LOWER\,(LEFT\,(J2,1)),\,RIGHT\,(C2,7)),$$
$$"4","0")$$

5. 根据"语文考试"表中的基本信息,补充完善其余信息,结果参照图 11-4 所示。由于部分数据通过随机函数获得,最终效果与样张中的数据不同。

(1) 使用随机函数为测试 3 填充 50—95 的数据。

(2) 使用随机函数为测试 4 填充 20.0—100 的数据,4 舍 5 入保留 1 位小数。

(3) 计算各次测试的平均分和总分,取整到整数。

(4) 根据总分高低为所有学生计算排名,总分最高为 1。

(5) 根据平均分低于 60 分为 F,60—85 分为 P,高于或等于 85 分为 G 的原则,在 J 列计算所有学生的等级。

	A	B	C	D	E	F	G	H	I	J
1	学号	姓名	测试1	测试2	测试3	测试4	平均分	总分	排名	等级
2	201827101	董卓	91	71	81	49.2	73	292	31	P
3	201727102	吕布	86	68	91	82.3	81	327	8	P
4	201727103	貂蝉	86	89	89	98	90	362	1	G
5	201727104	陈宫	91	96	94	38.7	79	319	14	P
6	201727105	马腾	91	88	62	57.1	74	298	26	P
7	201727106	韩遂	97	83	54	44.6	69	278	40	P
8	201727107	袁绍	94	88	84	69.2	83	335	5	P
9	201727108	颜良	88	85	68	81.9	80	322	12	P
10	201727109	袁术	74	65	89	88.1	79	316	15	P
11	201827110	公孙瓒	96	82	71	62.5	77	311	18	P
12	201827111	刘表	94	84	75	26.5	69	279	39	P
13	201827112	刘璋	99	94	68	91.2	88	352	3	G
14	201827201	严颜	77	90	53	68.8	72	288	34	P
15	201827202	魏延	85	55	76	20.9	59	236	53	F
16	201827203	马岱	72	78	50	97.1	74	297	27	P
17	201827204	张松	87	91	57	70.3	76	305	20	P
18	201727205	邓芝	82	91	54	36.9	65	263	47	P

图 11-4

操作提示:

(1) 本小题需要得到的随机数是整数,使用 RANDBETWEEN 函数即可。

(2) 本小题需要获得小数形式的随机数,并有四舍五入要求,所以使用 ROUND 和 RAND 函数可以得到结果。

(3) INT 函数分别与 AVERAGE 和 SUM 函数相结合,便能得到本小题 G 和 H 两列的结果。

(4) 使用 RANK 函数可以得到排名。

(5) 使用 IF 函数嵌套,可以得到 J 列的等级。

6. 针对"语文考试"表中的基本数据进行汇总，效果如图 11-5 所示。

(1) 针对 C 列"测试 1"中的数据，计算其最高分、最低分、第"二"高分、第"二"低分、中间分、最多的相同分，分别将计算公式填入 M2:M7。

(2) 统计 D 列"测试 2"成绩比 C 列"测试 1"进步的人数，将公式填写到 M8 中。

(3) 使用 Frequency()函数，针对 C 列"测试 1"分数统计低于 40 分、41—50 分、51—60 分、61—70 分、71—80 分、81—90 分，以及 90 分以上的人数。

	L	M	N
1	汇总统计		
2	测试1最高分	99	
3	测试1最低分	43	
4	测试1第2高分	97	
5	测试1第2低分	48	
6	测试1中间分	83	
7	测试1最多的相同分	91	
8	测试2比测试1进步的人数	19	
9			
10	测试1分数段		
11	<40	0	40
12	41-50	2	50
13	51-60	1	60
14	61-70	6	70
15	71-80	15	80
16	81-90	23	90
17	>90	12	

图 11-5

操作提示：

(1) 本小题可以使用 MAX、MIN、LARGE、SMALL、MEDIAN 和 MODE 函数计算得到。

(2) 由于需要计数的条件是需要运算的，无法直接使用 COUNTIF 函数，可以使用 SUM 和 IF 函数相结合，并使用数组公式运算得到。M8 单元格中的公式参考为：

$\{=SUM(IF(D2:D60-C2:C60>=0,1,0))\}$

(3) 使用 FREQUENCY 函数和数组公式，可以得到需要的结果，注意计算前需要先将分数段整理列出。

	A	B	C	D	E	F
1	长跑比赛	起始时	9:00			
2	成绩在130分钟以内，包含130分钟，可以获奖					
3	到达时间	时	分	秒	获奖否	
4	吕布	11	17	22		
5	公孙瓒	11	5	32	获奖	
6	孙坚	11	54	7		
7	孙策	10	37	13	获奖	
8	吴用	12	13	31		
9	林冲	11	15	33		
10	杜迁	12	45	29		
11	公孙胜	11	35	59		
12	韩滔	11	6	25	获奖	
13	陈宫	11	52	18		
14	袁术	11	27	49		
15	邓艺	12	33	10		
16	孟获	11	35	10		
17	周瑜	11	1	2	获奖	
18	诸葛瑾	11	45	22		
19	杨志	12	28	8		

图 11-6

7. 在"长跑比赛"表格中有学生参加某次长跑比赛时获得的数据。请使用随机函数计算得到 C 列的"分"和 D 列的"秒"中的数值都为 0—59，对于成绩在 130 分钟以内的学生，在 E 列的对应单元格中显示"获奖"，效果如图 11-6 所示。由于使用随机数产生分和秒，数据会与图中不完全相同。

操作提示：

(1) C 列和 D 列的数据使用 RANDBETWEEN 函数可以计算得到。

(2) 使用 TIME 函数，可以将数值类型的时、分、秒转换成时间，与 C1 中的起始时间相减后，再转换成分钟，与 130 进行比较。E4 中的公式参考为：

$=IF((TIME(B4,C4,D4)-\$C\$1)*24*60<=130,"获奖","")$

8. 假设学生在图书馆业余时间值班，可以得到部分助学金补贴，"值班"表中的 A1:H18 区域是学生值班基本情况表，每次值班会记录一行信息，请根据要求补充缺失信息，再汇总到 J1:M10 中，最终效果如图 11-7 所示。

(1) 在 C 列，使用 WEEKDAY 函数和 CHOOSE 函数相结合，产生 B 列日期对应的星期。

(2) 在 D 列，使用 TEXT 函数配合正确的参数，产生与 C 列相同的星期数。

	A	B	C	D	E	F	G	H
1	姓名	值班日期	星期	星期	起始时间	结束时间	加班时长	双休日
2	孙坚	2018年10月28日	星期日	星期日	8:30	11:00	2.5	是
3	吕布	2018年10月29日	星期一	星期一	18:30	20:00	1.5	
4	貂蝉	2018年10月30日	星期二	星期二	18:30	21:00	2.5	
5	陈宫	2018年10月31日	星期三	星期三	18:30	20:00	1.5	
6	夏侯霸	2018年11月1日	星期四	星期四	18:30	19:00	0.5	
7	颜良	2018年11月2日	星期五	星期五	18:30	21:00	2.5	
8	孙坚	2018年11月3日	星期六	星期六	13:30	15:30	2	是
9	吕布	2018年11月4日	星期日	星期日	13:30	15:30	2	是
10	颜良	2018年11月5日	星期一	星期一	18:30	19:00	0.5	
11	魏延	2018年11月6日	星期二	星期二	18:30	19:00	0.5	
12	孙坚	2018年11月7日	星期三	星期三	18:30	20:30	2	
13	吕布	2018年11月8日	星期四	星期四	18:30	19:00	0.5	
14	孙坚	2018年11月9日	星期五	星期五	18:30	19:00	0.5	
15	夏侯霸	2018年11月10日	星期六	星期六	8:30	11:00	2.5	是
16	孙坚	2018年11月11日	星期日	星期日	8:30	11:00	2.5	是
17	周瑜	2018年11月12日	星期一	星期一	18:30	21:00	2.5	
18	鲁肃	2018年11月13日	星期二	星期二	18:30	19:00	0.5	

	J	K	L	M
1	姓名	加班总时长	双休日加班时长	收入
2	孙坚	9.5	7	1700
3	吕布	4	2	640
4	貂蝉	2.5	0	300
5	陈宫	1.5	0	180
6	夏侯霸	3	2.5	560
7	颜良	3	0	360
8	魏延	0.5	0	60
9	周瑜	2.5	0	300
10	鲁肃	0.5	0	60

图 11-7

(3) 利用 E 列和 F 列数据，计算 G 列中的加班时长。

(4) 根据 C 列或 D 列中的结果，判断是否为双休日，将双休日对应的“是”填入 H 列相应的单元格。

(5) 计算每个同学的加班总时长，填入 K 列相应的单元格。

(6) 计算每个同学双休日的加班总时长，填入 L 列相应的单元格。

(7) 使用数组公式，利用“参数”表中 A62:B63 中的数据，计算每位学生应该获得的收入，填写在 M 列相应的单元格中。

操作提示：

(1) 参考教材【例 4-2-8】，可以完成 C 列和 D 列的分析。

(2) G 列中的加班时长，可以参考 G2 中的公式：=(F2−E2)*24。

(3) 使用 IF 和 OR 函数，可以完成 H 列数据的填入。

(4) 使用 SUMIF 和 SUMIFS 函数，可以完成 K 和 L 列数据的填入。

(5) M 列中的结果并不需要函数，但是需要使用三维引用和数组公式，M2 的参考公式为：{=L2:L10*参数！B63+(值日！K2:K10−值日！L2:L10)*参数！B62}

9. 完善“查询”表中的基本信息，并设置自动查询。某次查询的效果如图 11-8 所示。

	A	B	C	D	E
1	姓名	身份证号	联系电话	家长	
2	马岱	310107199808017387	13699872231	马先生	
3					
4	学号	查询项目	查询结果		
5	201727102	宿舍	M2731		
6					
7	院系	年级	班级	性别	平均分
8	体育系	3	2	女	83.5
9					

图 11-8

(1) A2 中设置下拉列表，可以通过选择显示“学生信息”表中任何一个学生的姓名。

(2) 用户在 A2 中选择了任何一位学生后，会自动显示该生的身份证号、联系电话、家长。

(3) 在 A5 中设置可以选择“学生信息”表中任何一个学号，在 B5 中，设置可以选择“学生信息”表中 B1:R1 中任何一个项目。

（4）用户在 A5 中选择了一个学号，在 B5 中选择了一个项目后，在 C5 中会自动显示查询结果。

（5）在 A8 中设置可以选择"参数"表中各个院系的名称，B8 中设置为可以输入 1—4 的整数，C8 中设置为可以输入 1—2 的整数，D8 中设置可以选择"男"和"女"。

（6）E8 中可以根据 A8:D8 的选择或输入，计算相应院系、年级、班级、性别对应的"测试 1"的平均分，如果查询的内容不在"学生信息"表和"语文考试"表中存在，则显示"查无此项"。

操作提示：

（1）单击选择 A2 之后，执行"数据"选项卡中"数据工具"栏目中的"数据验证"命令，验证条件选择允许"序列"，数据来源选择"＝学生信息！＄D＄2:＄D＄60"，便可以得到学生姓名的下拉列表。

（2）使用 INDEX 和 MATCH 函数相结合，通过三维引用，可以得到 B2 中身份证号的查询结果；联系电话和家长则可以通过 VLOOKUP 结合三维引用计算得到。

（3）A5 中的学号下拉列表，与 A2 中姓名下拉列表的获取方法相同，通过设置数据验证为"序列"，数据来源范围是"＝学生信息！＄A＄2:＄A＄60"；B5 中也是设置数据验证为"序列"，数据来源范围是"＝学生信息！＄B＄1:＄R＄1"。

（4）C5 是利用 A5 和 B5 中的数据进行查询，需要使用 INDEX 结合 MATCH 进行查询，并结合三维引用，参考公式为：＝INDEX(学生信息！B2:R60,MATCH(查询！A5,学生信息！A2:A60,0),MATCH(查询！B5,学生信息！B1:R1,0))。

（5）A8 也是设置数据验证为序列，数据来源是"＝参数！＄A＄3:＄A＄7"；B8 的数据验证设置为介于 1 到 4 的整数，C8 的数据验证设置为介于 1 到 2 的整数，这样用户在这两个单元格中输入数据时不会超出范围；D8 中设置数据验证序列的数据来源为"男,女"。

（6）由于在 E8 中需要得到"测试 1"数据的平均分，而且需要满足系别、性别、年级、班级的条件，所以需要使用 AVERAGEIFS 函数，但由于学生信息表中只有中文系和体育系的数据存在，当用户在 A8 下拉列表中选择其他系别数据时，平均的结果会出错，所以需要使用 ISERROR 结合 IF 进行判断，或者使用 IFERROR 函数。E8 单元格的参考公式为：

＝IF(ISERROR(AVERAGEIFS(语文考试！C2:C60,XB,查询！D8,YX,查询！A8,NJ,查询！B8,BJ,查询！C8)),"查无此项",AVERAGEIFS(语文考试！C2:C60,XB,查询！D8,YX,查询！A8,NJ,查询！B8,BJ,查询！C8))

以上公式中，学生信息表中的 E2:E60 已被命名为 XB，F2:F60 已被命名为 YX，H2:H60 已被命名为 NJ，I2:I60 已被命名为 BJ。

10. 在"参数"表的 A65:B75 中放置着各种班干部、党员和团员，以及成绩等级、长跑获奖对应的分数，请用 A66:A75 单元格中的内容分别命名 B66:B75 单元格，然后使用名称在"评奖"表中分析学生获奖情况，效果如图 11-10 所示(由于涉及部分随机数据，最终结果的数据会与图 11-10 有所不同)。

（1）D 列"测试等级"的数据来源于"语文考试"表中的等级，E 列"长跑"中的数据来源于"长跑比赛"表中 E 列"获奖否"中的数据，请使

	A	B
64		
65	种类	分数
66	班长	20
67	学习委员	15
68	劳动委员	15
69	文艺委员	15
70	体育委员	15
71	团员	20
72	党员	50
73	G	50
74	P	20
75	获奖	50

图 11-9

	A	B	C	D	E	F	G	H	I	J	K
1	姓名	班干部	党团员	测试等级	长跑	德	智	体	总分	排名	获奖
2	董卓			P		0	20		20	53	
3	吕布		团员	P		20	20		40	13	
4	貂蝉	文艺委员	党员	P		65	20		85	3	获奖
5	陈宫		团员	P		20	20		40	13	
6	马腾		团员	P		20	20		40	13	
7	韩遂		团员	G		20	50		70	5	获奖
8	颜良		团员	P		20	20		40	13	
9	袁术		团员	P		20	20		40	13	
10	公孙瓒		团员	P		20	20		40	13	
11	刘表		团员	P		20	20		40	13	
12	刘璋		团员	P		20	20		40	13	
13	严颜		团员	P		20	20		40	13	
14	魏延	劳动委员	团员	P		35	20		55	11	获奖
15	马岱		团员	P		20	20		40	13	
16	张松		团员	G		20	50		70	5	获奖

图 11-10

用公式完成这两列数据的获取,以便在原始数据变化时,"评奖"表中的数据也会自动更新。

(2) 在评奖时,需要根据总分排名,而分数则来源于"参数"表中 A65:B75 的定义,例如:学生如果是班干部或党团员,则会根据不同的班干部或党员、团员给予不同德方面(F 列)的分数,不同的测试等级对应着智方面(G 列)的分数,长跑获奖,则会拥有体方面(H 列)的分数。请使用引用方式,将 B:E 列中的数据转换成"参数"表中 B66:B75 中的数据或数据之和,然后填写到 F:H 列对应单元格中,其中 F 列"德"的分数是班干部和党团员分数之和,G 列"智"的分数来源于测试等级,H 列"体"的分数来源于长跑获奖,如果没有对应项,则转换后显示为空。

(3) 计算 I 列的总分、J 列的排名,根据排名,将排名小于 J 列众数的学生设置为"获奖",未获奖的学生为空。

操作提示:

(1) 参考实验 9 的 1(3)的介绍,完成"参数"表中 B66:B75 各单元格的命名。

(2) "评奖"表中 D 列的数据可以通过 VLOOKUP 函数,通过本表中的姓名到"语文考试"表中查找获取。

(3) "评奖"表中的 E 列的数据可以通过 VLOOKUP 函数,通过本表中的姓名到"长跑比赛"表中查找获取,但由于并不是本表中所有人都参加了长跑比赛,所以会造成查不到而出错的结果,因此还需要配合 IFERROR 函数,使出错的单元格显示空。

(4) 由于在"参数"表中已经将各种班干部名称、测试等级和长跑获奖都设置为对应分数单元格的名称了,在"评奖"表中,可以使用 INDIRECT 函数将 B、C、D、E 列的数据作为参数,对应到相应的分数,填入到 F、G、H 列中即可。其中 F 列的数据是班干部和党团员分数之和,G 列中的数据是 D 列转换得到,H 列的数据是 E 列转换得到。

针对非班干部、非党团员、长跑比赛未获奖或未参加的同学来说,INDIRECT 的参数为空,转换结果就会出错,所以还需要结合 IFERROR 函数。F2 单元格的公式参考为:

=IFERROR((INDIRECT(B5),0)+IFERROR(INDIRECT(C5),0)

(5) 使用 SUM 函数可以计算 I 列的总分,使用 RANK 函数,可以计算得到 J 列的排名。

由于奖项有限,只有名次在大多数人前面的同学才能获奖,所以可以通过 MODE 统计出现次数最多的名次,将好于该名次的学生设置为获奖学生,因此,K2 单元格的公式参考为:

$$=IF(J2<MODE(\$J\$2:\$J\$57),"获奖","")$$

11. 请使用条件格式,将"学生信息"表中 2017 年入学 1 班、2017 年入学 2 班、2018 年入学 1 班和 2018 年入学 2 班的学生信息(A2:S60 区域)分别标为浅红色、浅绿色、浅橙色和浅蓝色,效果如图 11-11 所示。

	A	B	C	D	E	F	G	H	I	J	K	L
1	学号	姓名电话	身份证号	姓名	性别	院系	入学年份	年级	班级	宿舍	电子邮箱	联系电话
2	201827101	董卓13345678435	217824199907163245	董卓	女	中文系	2018	2	1	F2721	201827101@JXU.EDU.CN	13345678435
3	201727102	吕布13642890321	123262199807278457	吕布	男	中文系	2017	3	1	M2731	201727102@JXU.EDU.CN	13642890321
4	201727103	貂蝉13821890456	426671199906208765	貂蝉	女	中文系	2017	3	1	F2731	201727103@JXU.EDU.CN	13821890456
5	201727104	陈宫13367820945	713386199902053293	陈宫	男	中文系	2017	3	1	M2731	201727104@JXU.EDU.CN	13367820945
6	201727105	马腾13358934582	151495199802230038	马腾	男	中文系	2017	3	1	M2731	201727105@JXU.EDU.CN	13358934582
7	201727106	韩遂13742334567	12720519990208698X	韩遂	女	中文系	2017	3	1	F2731	201727106@JXU.EDU.CN	13742334567
8	201727107	袁绍13588980887	366695200008142167	袁绍	女	中文系	2017	3	1	F2731	201727107@JXU.EDU.CN	13588980887
9	201727108	颜良13677834567	310107199901231542	颜良	男	中文系	2017	3	1	M2731	201727108@JXU.EDU.CN	13677834567
10	201727109	袁术021-76345621	310107199905029135	袁术	男	中文系	2017	3	1	M2731	201727109@JXU.EDU.CN	021-76345621
11	201827110	公孙瓒13688776654	310107199902012193	公孙瓒	男	中文系	2018	2	1	M2721	201827110@JXU.EDU.CN	13688776654
12	201827111	刘表13300984543	310107199804016891	刘表	男	中文系	2018	2	1	M2721	201827111@JXU.EDU.CN	13300984543
13	201827112	刘璋021-56738902	310107199909029847	刘璋	女	中文系	2018	2	1	F2721	201827112@JXU.EDU.CN	021-56738902
14	201827201	严颜13337784652	310217199908013284	严颜	女	中文系	2018	2	2	F2722	201827201@JXU.EDU.CN	13337784652
15	201827202	魏延021-33458890	310107199902122342	魏延	男	中文系	2018	2	2	F2722	201827202@JXU.EDU.CN	021-33458890
16	201827203	马岱13699872231	310107199808017387	马岱	女	中文系	2018	2	2	F2722	201827203@JXU.EDU.CN	13699872231
17	201827204	张松13339676543	310107199903027748	张松	女	中文系	2018	2	2	F2722	201827204@JXU.EDU.CN	13339676543
18	201727205	邓芝13233423436	530338199903183831	邓芝	男	中文系	2017	3	2	M2732	201727205@JXU.EDU.CN	13233423436
19	201827113	马谡15822938302	310107199806030829	马谡	女	中文系	2018	2	1	F2721	201827113@JXU.EDU.CN	15822938302
20	201827207	孟获13677802365	310107199903018594	孟获	男	中文系	2018	2	2	M2722	201827207@JXU.EDU.CN	13677802365
21	201827208	姜维058-34268392	521065199804212615	姜维	男	中文系	2018	2	2	M2722	201827208@JXU.EDU.CN	058-34268392
22	201727209	夏侯霸13899213456	238132199912122123	夏侯霸	女	中文系	2017	3	2	F2732	201727209@JXU.EDU.CN	13899213456
23	201827210	孙坚13633898765	320324199902182214	孙坚	男	中文系	2018	2	2	M2722	201827210@JXU.EDU.CN	13633898765
24	201727211	孙策13399865443	217824199908261115	孙策	男	中文系	2017	3	2	M2732	201727211@JXU.EDU.CN	13399865443

图 11-11

操作提示:

四种颜色的设置需要分 4 次完成,方法基本相同,例如:设置 2017 年入学 1 班的底纹可以使用带公式的条件格式,公式参考为:=AND(\$G2="2017",\$I2="1")。

12. 在"语文考试"表中,将"测试 1"或者"平均分"低于 60 分的学生姓名标为红色加粗,将"测试 1"低于"平均分"的学生的姓名设置浅蓝色底纹,效果如图 11-12 所示。

操作提示:

本题需要分两次建立条件格式,选定的区域都是 B2:B60 的姓名列,文字红色加粗格式对应的条件设置公式参考为:=OR(\$C2<60,\$G2<60);浅蓝色底纹对应的条件设置公式参考为:=\$C2<\$G2。

13. 在"评奖"表中,请将获奖学生对应行设置为浅绿色底纹,如图 11-13 所示。

操作提示:

本题需要选定 A2:K57,再使用条件格式,参考公式为:=\$K2="获奖"。

14. 在 sy11-3.xlsx 文件中,黄色底纹中的数据含义罗列如下,请参照图 11-14,在 B11:M26 区域添加合适的公式,建立自己的家庭收支基本表,将工作簿保存为 sy11-3JG.xlsx。

一月份税前收入:8 710 元,二月到五月的工资与一月相同;

六月份工资会调整到 9 150 元,七月到十二月工资与六月份相同;

一月份奖金:600 元,以后每月比上月增长 2.5%;

每月税率:总收入扣除缴税基数后的 8.5%;

	A	B	C	D	E	F	G	H	I	J
1	学号	姓名	测试1	测试2	测试3	测试4	平均分	总分	排名	等级
2	201827101	董卓	91	71	53	66	70	281	37	P
3	201727102	吕布	86	68	95	47.5	74	296	24	P
4	201727103	貂蝉	86	89	70	66.6	77	311	16	P
5	201727104	陈宫	91	96	67	30.4	71	284	33	P
6	201727105	马腾	91	88	91	87.2	89	357	1	G
7	201727106	韩遂	97	83	93	66.8	84	339	3	P
8	201727107	袁绍	94	88	63	78	80	323	6	P
9	201727108	颜良	88	85	76	79.3	82	328	5	P
10	201727109	袁术	74	65	84	35.8	64	258	48	P
11	201827110	公孙瓒	96	82	63	88	82	329	4	P
12	201827111	刘表	94	84	79	54.5	77	311	16	P
13	201827112	刘璋	99	94	91	29	78	313	14	P
14	201827201	严颜	77	90	79	70.1	79	316	12	P
15	201827202	魏延	85	55	83	79.9	75	302	20	P
16	201827203	马岱	72	78	51	94.9	73	295	25	P
17	201827204	张松	87	91	63	68.2	77	309	18	P
18	201727205	邓芝	82	91	93	53.8	79	319	9	P
19	201827113	马谡	89	94	63	58.1	76	304	19	P
20	201827207	孟获	66	62	93	95.5	79	316	12	P
21	201827208	姜维	60	45	56	90.1	62	251	51	P
22	201727209	夏侯霸	64	79	82	59.4	71	284	33	P
23	201827210	孙坚	48	68	75	20.1	52	211	57	F
24	201727211	孙策	81	90	72	24.6	66	267	42	P
25	201727212	于吉	85	66	68	37.3	64	256	49	P
26	201727213	孙权	81	85	91	62.6	79	319	9	P
27	201727214	孙皓	86	79	57	54.5	69	276	39	P
28	201827215	周瑜	91	68	91	29.6	69	279	38	P
29	201727216	鲁肃	77	52	58	96.5	70	283	35	P
30	201727217	诸葛瑾	75	71	89	53.8	72	288	29	P
31	201815101	史进	84	49	70	95.7	74	298	23	P
32	201815102	关胜	81	58	75	39.2	63	253	50	P
33	201815103	吴用	75	55	67	43.9	60	240	54	P
34	201815104	武松	80	53	78	89	75	300	21	P
35	201815105	林冲	84	89	92	83.3	87	348	2	G
36	201815106	阮小七	80	63	85	44.8	68	272	41	P
37	201815107	柴进	43	17	54	71.2	46	185	59	F

学生信息　语文考试　长跑比赛　值日　查询　评奖　参数　⊕

就绪

图 11-12

	A	B	C	D	E	F	G	H	I	J	K
1	姓名	班干部	党团员	测试等级	长跑	德	智	体	总分	排名	获奖
2	董卓			P			20		20	5	
3	吕布		团员	P			20		20	5	
4	貂蝉	文艺委员	党员	P		65	20		20	5	
5	陈宫		团员	P	获奖		20	50	70	1	获奖
6	马腾		团员	G			50		50	3	获奖
7	韩遂		团员	P			20		20	5	
8	颜良		团员	P			20		20	5	
9	袁术		团员	P			20		20	5	
10	公孙瓒		团员	P			20		20	5	
11	刘表		团员	P			20		20	5	
12	刘璋		团员	P			20		20	5	
13	严颜		团员	P			20		20	5	
14	魏延	劳动委员	团员	P		35	20		20	5	
15	马岱		团员	P			20		20	5	
16	张松		团员	P			20		20	5	
17	马谡		团员	P			20		20	5	
18	孟获		团员	P			20		20	5	
19	姜维		团员	P			20		20	5	
20	夏侯霸		团员	P			20		20	5	
21	孙坚	班长	党员	F		70			0	52	
22	孙策		团员	P	获奖		20	50	70	1	获奖
23	于吉		团员	P			20		20	5	
24	孙权		党员	P			20		20	5	
25	孙皓		团员	P			20		20	5	

图 11-13

　数据分析与大数据实践实验指导

	A	B	C	D	E	F	G	H	I	J	K	L	M
1	姓名的家庭预算												
2													
3	每月税率	8.5%		食物比例	21%		一月税前收入	8710		房租		2680	
4	年存款利率	3.25%		休闲比例	15%		六月税前收入	9150		水电煤		258	
5	扣税基数	5000.00					一月奖金	600		一月电话、上网		180	
6							每月奖金增幅	2.50%		电话、上网月增幅		5	
7										一月用品		26%	
8										用品月增幅		2.8%	
9													
10		一月	二月	三月	四月	五月	六月	七月	八月	九月	十月	十一月	十二月
11	税前收入	$ 8,710.00	$ 8,710.00	$8,710.00	$ 8,710.00	$ 8,710.00	$ 9,150.00	$ 9,150.00	$ 9,150.00	9,150.00	$ 9,150.00	$ 9,150.00	$ 9,150
12	奖金	$ 600.00	615.00	$ 630.38	$ 646.13	662.28	678.84	695.82	713.21	731.04	749.32	768.05	787
13	税	366.35	367.63	$ 368.93	$ 370.27	371.64	410.45	411.89	413.37	414.89	416.44	418.03	419
14	净收入	$ 8,943.65	8,957.38	$8,971.44	$ 8,985.86	$ 9,000.64	9,418.39	9,433.92	9,449.84	9,466.15	9,482.88	$ 9,500.02	$ 9,517
15													
16	支出												
17	房租	$ 2,680.00	$ 2,680.00	$2,680.00	$ 2,680.00	$ 2,680.00	2,680.00	2,680.00	2,680.00	2,680.00	$ 2,680.00	2,680.00	$ 2,680
18	水电煤	258.00	258.00	258.00	258.00	258.00	258.00	258.00	258.00	258.00	258.00	258.00	258
19	电话、网络	180.00	185.00	190.00	195.00	200.00	205.00	210.00	215.00	220.00	225.00	230.00	235
20	用品	$ 2,325.35	2,390.46	$2,457.39	$ 2,526.20	2,596.93	2,669.65	2,744.40	2,821.24	2,900.23	$ 2,981.44	3,064.92	$ 3,150
21	食物	$ 1,878.17	1,881.05	$1,884.00	$ 1,887.03	1,890.14	1,977.86	1,981.12	1,984.47	1,987.89	1,991.40	1,995.00	$ 1,998
22	休闲	$ 1,341.55	1,343.61	$1,345.72	$ 1,347.88	1,350.10	1,412.76	1,415.09	1,417.48	1,419.92	1,422.43	1,425.00	$ 1,427
23	总支出	$ 8,663.06	8,738.11	$8,815.11	$ 8,894.11	8,975.16	9,203.27	9,288.61	9,376.18	9,466.05	9,558.28	$ 9,652.93	$ 9,750
24													
25	节余	280.59	219.26	156.33	91.75	25.48	215.13	145.31	73.66	0.10	-75.40	-152.91	-232
26	累计存款	$ 280.59	500.61	658.30	751.83	779.35	996.58	$ 1,144.60	$ 1,221.35	1,224.77	$ 1,152.68	$ 1,002.89	773
27													

图 11-14

缴税基数：5 000 元；

年存款利率：3.25％；

每月房租：2 680 元；

每月水、电、煤：258 元；

一月份电话、上网费：180 元，以后每月会增加 5 元；

每月食物费用占净收入的 21％；

一月份各种用品支出占净收入的 26％，以后每月比上月增加 2.8％；

每月休闲占净收入的 15％。

(1) 在 Sheet1 中建立基本表格，并分析该年一年的收支情况：列出每月净收入、各项支出、总支出、节余、累计存款，按合理的格式对表格数据进行格式化，使其清晰美观易读，并将表名更改为"收支基本表"。

(2) 将"收支基本表"复制到"收入增加表"，分析：假如每月奖金的增长量为 3.5％，到年底的累计存款将变成多少？

(3) 分别将"收支基本表"复制到新的表格(表格名字自定)后进行以下分析(请将分析中的重要数据突出显示)：

● 如果存款年利率变为 7.5％，结果会怎么样？

● 如果税率变为 15.3％，结果会怎么样？

● 如果休闲费用变为占净收入的 25％，你能负担得起吗？

● 如果支出中增加了一项汽车，每月消耗 2 250 元，你能负担得起吗？

操作提示：

(1) 收支基本表中所用公式中没有复杂函数，主要涉及加、减和乘运算，但要注意相对引用和绝对引用，使公式可以尽可能通过复制填入。

(2) 公式填入后要保持尽可能的灵活性，在常数区修改数据后，M26 中的数据会自动调整。每月奖金增长量变成 3.5％后，十二月的最终存款为：1 058.88 元；存款年利率变为 7.5％后，十二月的最终存款为：808.41 元；税率变为 15.3％后，十二月的最终存款为：-609.65 元；休闲费用变为占净收入的 25％后，十二月的最终存款为：-10 504.14 元；增加汽车后,十二月的最终存款为:—26 632.71 元。

15. 原始数据在 sy11-4.txt 中,请按以下要求完成某校高一两个班期末考试成绩单制作,并通过设置条件格式,最终效果如图 11-15 所示(由于表中成绩是通过随机数产生的,实际结果中的数据与图 11-15 会有所不同)。

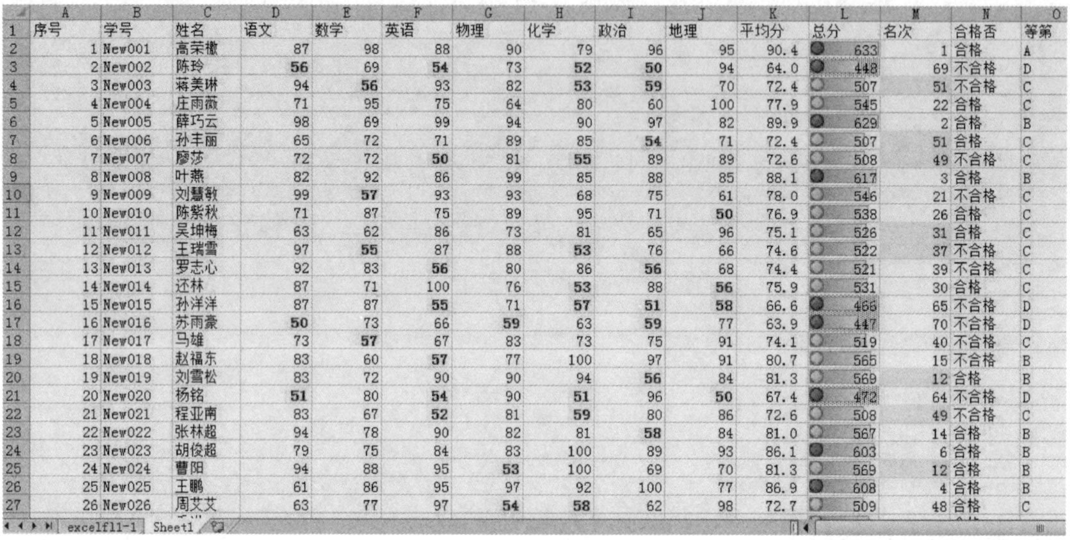

	A	B	C	D	E	F	G	H	I	J	K	L	M	N	O
1	序号	学号	姓名	语文	数学	英语	物理	化学	政治	地理	平均分	总分	名次	合格否	等第
2	1	New001	高荣撤	87	98	88	90	79	96	95	90.4	633	1	合格	A
3	2	New002	陈玲	56	69	54	73	52	50	94	64.0	448	69	不合格	D
4	3	New003	蒋美琳	94	56	93	82	53	59	70	72.4	507	51	不合格	C
5	4	New004	庄雨薇	71	95	75	64	80	60	100	77.9	545	22	合格	C
6	5	New005	薛巧云	98	69	99	94	90	97	82	89.9	629	2	合格	B
7	6	New006	孙丰丽	65	72	71	89	85	54	71	72.4	507	51	合格	C
8	7	New007	廖莎	72	72	50	81	55	89	89	72.6	508	49	不合格	C
9	8	New008	叶燕	82	92	86	99	85	88	85	88.1	617	3	合格	B
10	9	New009	刘慧敏	99	57	93	93	68	75	61	78.0	546	21	不合格	C
11	10	New010	陈紫秋	71	87	75	89	95	71	50	76.9	538	26	合格	C
12	11	New011	吴坤梅	63	62	86	73	81	65	96	75.1	526	31	合格	C
13	12	New012	王瑞雪	97	55	87	88	53	76	66	74.6	522	37	不合格	C
14	13	New013	罗志心	92	83	56	80	86	56	68	74.4	521	39	不合格	C
15	14	New014	还林	87	71	100	76	53	88	56	75.9	531	30	合格	C
16	15	New015	孙洋洋	87	87	55	71	57	51	58	66.6	466	65	不合格	D
17	16	New016	苏雨豪	50	73	66	59	63	59	77	63.9	447	70	不合格	D
18	17	New017	马雄	73	57	67	83	73	75	91	74.1	519	40	不合格	C
19	18	New018	赵福东	83	60	77	77	100	97	91	80.7	565	15	不合格	B
20	19	New019	刘雪松	83	72	90	90	94	56	84	81.3	569	12	合格	B
21	20	New020	杨铭	51	80	54	90	51	96	50	67.4	472	64	不合格	D
22	21	New021	程亚南	83	67	52	81	59	80	86	72.6	508	49	不合格	C
23	22	New022	张林超	94	78	90	82	81	58	84	81.0	567	14	合格	B
24	23	New023	胡俊超	79	75	84	83	100	89	93	86.1	603	6	合格	B
25	24	New024	曹阳	94	88	95	53	100	69	70	81.3	569	12	合格	B
26	25	New025	王鹏	61	86	95	97	92	100	77	86.9	608	4	合格	B
27	26	New026	周艾艾	63	77	97	54	58	62	98	72.7	509	48	合格	C

‖ ◄ ► ►‖ excelf11-1 ⟋ Sheet1 ⟋

图 11-15

(1) 添加序号列,并用快速输入法输入序号和学号,序号从 1 开始按顺序编号,学号规则为:New001—New035 为 1 班学生,New201-New235 为 2 班学生,并将该列设置为文本类型,随意输入学生的姓名,并用随机函数产生每位学生每门课程的 0—100 分成绩。

(2) 计算每位学生的平均分、总分和名次,放入相应的列中,平均分计算结果保留 1 位小数。

(3) 语文、数学、英语的成绩在 60 分以上,且总分在 400 分以上的为合格,请为每位学生评定是否合格。

(4) 平均分 90 分以上的为 A,80 分—89 分为 B,70—79 分为 C,70 分以下为 D,请给出每位学生的等第。

(5) 统计平均分在 0—59,60—74,75—84,85 分以上的人数,将结果显示在平均分列的最下端,将对应的说明写在"地理"列的下方。

(6) 将表格中的平均分保留 1 位小数,对 60 分以下的成绩用红色加粗表示成绩,对总分设置为橙色数据条和三色交通灯图标集,若总分在前 20% 以上,用绿色表示,后 20%,用红色表示。

(7) 设置名次相同的数据用黄色底纹显示,为班级中最后 20% 学生的总分设置 25% 绿色底纹。

操作提示:

(1) 如果希望产生的分数在 50—100 之间,该用什么函数? 将输入后的表格用选择性粘贴到"值"的方法复制到 Sheet1 中,以避免用随机数产生的数据的变化,并在粘贴后手动调整数据,使之比较合理。

数据分析与大数据实践实验指导

（2）可以使用 ROUND、AVERAGE、SUM、RANK 函数得到平均分、总分和名次，并使平均分保留 1 位小数。

（3）可以使用 IF 函数与 AND 函数嵌套计算。

（4）需要多次使用 IF 函数嵌套计算。

（5）可以使用 COUNTIF、COUNTIFS 或者 FREQUENCY 结合数组公式完成计算。

（6）使用条件格式进行设置。后 20％实际设置的是 80％。

（7）通过新建规则可以设置重复值的条件格式和指定条件单元格的格式。

实验 12

时间序列预测分析

实 验 目 的

掌握时间序列预测分析方法,会利用数据分析工具(Excel、Tableau)进行时间序列预测分析,并查看预测描述模型。

实 验 内 容

1. 利用 Tableau 数据分析工具,打开"sy12-1Superstore Subset.xlsx"文件,预测未来一年每个月的订单利润和销售额,效果如图 12-1 和图 12-2 所示。其中表中字段表示如下:时间变量为 Order Date,利润为 Profit,销售额为 Sales,将最终结果保存为 sy12-1JG.twbx。

订单利润预测

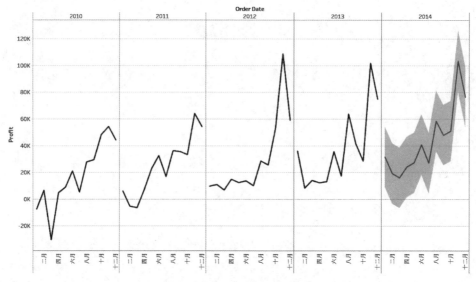

图 12-1　Tableau 订单利润预测

订单销售额预测

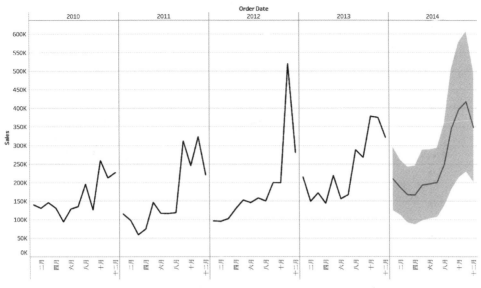

图 12-2　Tableau 订单销售额预测

(1) 因为需要预测未来一年中每个月的利润和销售额,因此时间粒度为月,聚合方式为月。

(2) 订单数据具有明显的季节性,因此聚合模型使用自动可以达到最佳预测效果。

2. 打开"sy12-2 人口统计数据. xlsx",利用互联网和搜索引擎工具,查找补充 2010 年至 2018 年各年全国总人口数(如图 12-3 所示)及人口年增长率(如图 12-4 所示),填入表中对应单元格。分别利用 Excel 和 Tableau 数据分析工具,对未来三年的全国总人口和年增长率进行预测,查看预测描述模型,将预测结果填入表"sy12-2 人口预测结果. xlsx"。

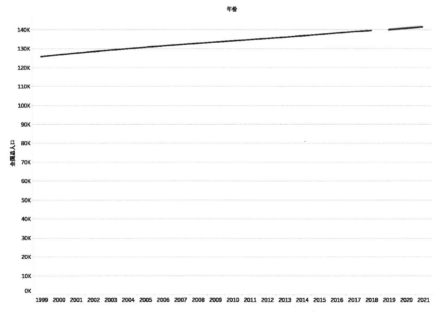

图 12-3　Tableau 全国总人口数预测

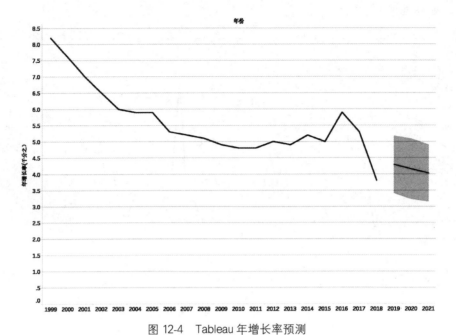

图 12-4　Tableau 年增长率预测

（1）将年份字段修改为日期类型，Tableau 分析—预测—预测选项—设置忽略最后 0 周期。

（2）聚合模型使用自动可以达到最佳预测效果。

实验 13

回归分析

实 验 目 的

掌握回归分析方法,会利用数据分析工具(Excel、Tableau)进行回归分析。

实 验 内 容

1. 分别利用 Excel 和 Tableau 数据分析工具,对"sy13-1 工资回归分析.xlsx"文件中的数据进行回归分析,找到工资和工作经验之间的关系,如图 13-1 所示,结果分别保存为 sy13-1JG.xlsx 和 sy13-1JG.twbx。

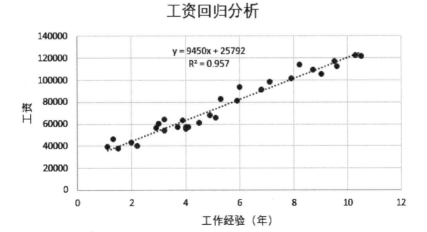

图 13-1 Excel 工资回归分析

2. 打开"sy13-2 人口统计数据.xlsx",利用互联网和搜索引擎工具,查找补充 2010 年至 2018 年各年全国总人口数及人口年增长率,填入表中对应单元格。分别利用 Excel 和 Tableau 数据分析工具对人口数据进行回归分析,找出全国人口总数以及年增长率与年份之间的关系,查看回归分析模型,根据模型对未来三年的全国总人口(如图 13-2 所示)和年增长率(如图 13-3 所示)进行预测,并同实验 12 中利用时间序列预测的结果进行对比,填入表"sy13-2 人口预测结果.xlsx"。

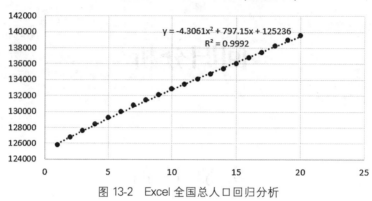

图 13-2　Excel 全国总人口回归分析

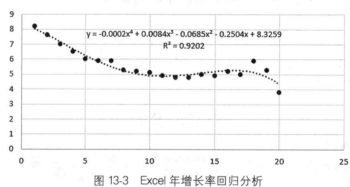

图 13-3　Excel 年增长率回归分析

实验 14

聚类分析

实 验 目 的

掌握聚类方法,会利用数据分析工具(Tableau)进行聚类分析。

实 验 内 容

1. 空气质量直接影响着人们的健康和生活,越来越受到社会的关注。AQI(Air Quality Index,空气质量指数)描述了空气清洁或者污染的程度。环保局对大气中的六项污染物进行实时监测,数据每小时更新一次,AQI 指数值就是将这六项污染物用统一的评价标准计算得到。六项污染物包括:二氧化硫、二氧化氮、PM10、PM2.5、一氧化碳和臭氧。其中地面臭氧和 PM2.5 两种污染物对人类健康的威胁最大。请根据"sy14-1-2018 年上海空气质量数据库.accdb"文件中的数据,利用 Tableau 对臭氧和 PM2.5 进行聚类分析,并对聚类分析结果进行解释,重命名聚类群体,效果如图 14-1 所示。请将完成后的结果保存为 sy14-1JG.twbx。

操作提示:

(1) 将聚类选项设置为:O3 和 PM2.5,聚类数量为:4。

(2) 利用组,对群体进行重命名,建立新的聚类分析表。

(3) 注意:需要取消聚合度量(Tableau 分析——聚合度量,点击取消选择)

2. "sy14-2-2012 年居民消费数据.xlsx"文件记录了 2012 年全国各省城镇居民家庭人均消费支出统计数据,可以根据城镇居民家庭人均现金消费的不同将人均现金消费分为高、中、低三等,从而可以了解到全国各省的现金消费水平。请利用 Tableau 对城镇居民家庭人均现金消费支出进行聚类分析,并对聚类结果进行解释说明,重命名聚类群体,效果如图 14-2 所示,保存为 sy14-2JG.twbx。

操作提示:

(1) 将聚类选项设置为:城镇居民家庭人均现金消费支出(元),聚类数量为:3。

(2) 利用组,对群体进行重命名,建立新的聚类分析表。

空气质量聚类

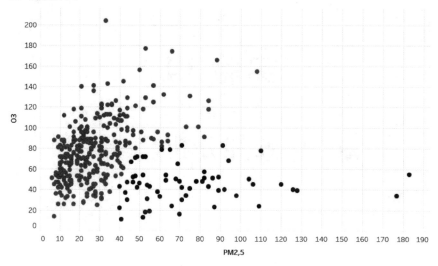

图 14-1　空气质量聚类

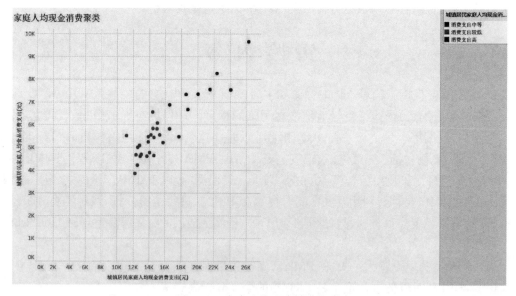

图 14-2　家庭人均现金消费聚类

（3）"群集"选项在左侧栏的分析窗口中。

3. 某移动公司希望对客户通话数据进行分析,根据客户的通话行为,对客户进行分类,针对不同群体的客户制定不同的营销策略,推荐更实用的个性化套餐。请使用"sy14-3-移动客户通话数据.xlsx"文件,利用 Tableau 完成移动客户通话数据的聚类分析,并对聚类结果进行解释说明,重命名聚类群体,结果保存为 sy14-3JG.twbx。

操作提示:

（1）对于移动公司,客户通话时长是非常重要的客户行为数据,可以为不同通话时段通话时长不同的客户推荐合适的套餐。比如,为高峰和低谷时段通话时间都长的客户推荐高端套餐,套餐价格高但是包含更多不限时段的通话时长;但是对于通话时间长,但是主要集中在低谷时间段的客户,可以推出更实惠实用的低谷时段套餐。因此,可以选择"高峰时电话时长"和"低谷时电话时长"进行聚类分析,调整聚类数为4,如图14-3。

(2)为客户指定国际通话套餐,可以选择"通话总时间长"和"国际电话时长"对客户进行聚类,为合适的客户推荐包含国际通话时长的套餐,如图14-4。

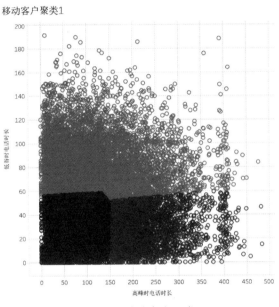

图 14-3　移动客户聚类 1

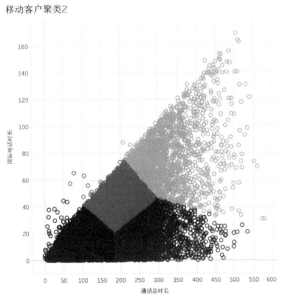

图 14-4　移动客户聚类 2

实验 15

基于 Excel 的数据可视化

实 验 目 的

使用 Excel 进行数据可视化,通过案例和实验掌握 Excel 基本图表、迷你图表、组合图表和动态图表的制作和灵活使用方法。

实 验 内 容

1. 打开 sy15-1.xlsx 文件,创建如图 15-1 所示的甘特图,可视化某同学制定的"数据分析"课程学习计划表。

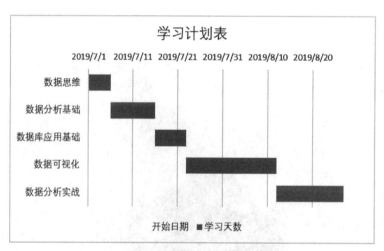

图 15-1 学习计划甘特图

(**说明：**甘特图(Gantt chart)又称为横道图、条状图(Bar chart),以提出者亨利·甘特先生的名字命名。它经常用在项目进度管理中,能直观的展示任务计划在什么时候进行以及实际进展与计划要求的对比,故在此题中适用)

(1) 打开素材文件夹中的"sy15-1.xlsx"文件,选中"B2:B6"数据,右键"设置单元格格式",将"日期"改为"常规"。

(2) 选中全部数据,单击"插入"选项卡中的"图表"组右下角的对话框启动器,在弹出的对话框中选择"所有图表"选项卡,在左侧的图表类型列表中选择"条形图/堆积条形图",单击"确定"按钮,生成条形图。

(3) 双击纵坐标轴,在右侧的"设置坐标格式"的坐标轴选项中勾选"逆序类别"。

(4) 选中"开始日期"系列,在右侧的"设置序列格式"选项卡中将"填充"设置"无填充"。

(5) 双击上侧的横坐标轴,在右侧的"设置坐标轴格式"选项卡中单击"坐标轴选项",将边界最小值设为开始日期"43647",最大值为结束日期"43704",结束日期为最后一个任务的开始日期 43689+15(学习天数)=43704。

(6) 选中"B2:B6"数据,右键"设置单元格格式",将"常规"改为"日期"。

(7) 选中图表数据,在右侧的"设置数据系列格式"选项卡,单击"系列选项",将分类间距设置为"70%"。

(8) 双击"图表标题",改为"学习计划表"。

(9) 文件另存为:sy15-1 甘特图.xlsx。

2. 打开 sy15-2.xlsx 文件,创建如图 15-2 所示的滑珠图,以此来可视化候选人之间不同维度的支持率。

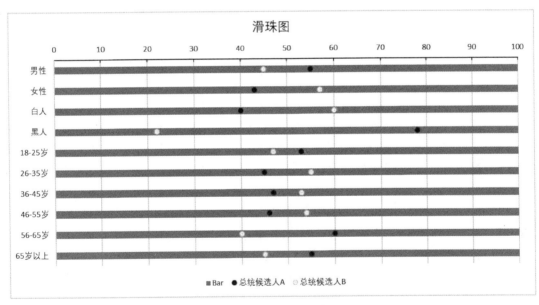

图 15-2 总统选举滑珠图

在做两个项目的百分比对比时,可以采用滑珠图,即数据填充标记像在滑竿上根据数值大小进行滑动那样,可以对这两个项目的数据进行对比。

(1) 生成滑珠图需要采用条形图+散点图的方式进行,因此需要添加辅助列,如图 15-3 所示。其中 Bar 这一列是形成滑珠图的滑轨,因此填充值为 100,Y 这一列是作为散点图的 Y 轴数据,用于形成滑珠,数据从 0.5 开始间隔 1 增加的原因是条形图宽度一般会占据 50%的宽度,从 0.5 开始间隔 1 做散点图的 Y 轴能正好保证散点落在滑轨上。

A	B	C	D	E
	总统候选人A	总统候选人B	Bar	Y
男性	55	45	100	9.5
女性	43	57	100	8.5
白人	40	60	100	7.5
黑人	78	22	100	6.5
18-25岁	53	47	100	5.5
26-35岁	45	55	100	4.5
36-45岁	47	53	100	3.5
46-55岁	46	54	100	2.5
56-65岁	60	40	100	1.5
65岁以上	55	45	100	0.5

图 15-3　添加辅助列

（2）选中全部数据，单击"插入"选项卡中的"图表"组右下角的对话框启动器，在弹出的对话框中选择"所有图表"选项卡，在左侧的图表类型列表中选择"簇状条形图"。在生成的图像上，右键后选择"更改系列图标类型"，将"总统候选人A"和"总统候选人B"的图表类型改为"散点图"，单击"确定"按钮，生成图15-4。

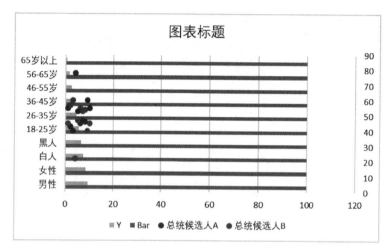

图 15-4　滑珠图雏形

（3）这时候可以看见散点图堆积在一起，这是由于散点对应数据不准确造成的。为了解决这个问题，选中散点数据，右键点击"选择数据"，在弹出的对话框中选中"总统候选人A"这个图例项进行编辑，将X轴数据选为数据表格中总统候选人A这一列的数据，Y轴数据选为数据表格中Y这列数据。对总统候选人B这个图例项也以相同的方式进行处理。具体操作见图15-5。

（4）细心的读者会发现散点图和柱形图没有对应起来，这是由于柱形图的Y轴坐标需要翻转一下。具体操作是，选中主纵坐标轴，右键点击"设置坐标轴格式"，勾选"逆序类别"。

（5）删除次纵坐标轴，将横坐标的最大值设为"100"，刻度线"主要类型"设置为"内部"，最后点击图例"Y"，右键选择"删除系列"并将标题改为"滑珠图"，即可得到图15-2。

（6）文件另存为：sy15-2 滑珠图.xlsx。

3.打开 sy15-3.xlsx 文件，实现如图 15-6 所示的数据条嵌入。

在使用 Excel 时，为了便于展示，往往要将数据表单独生成一张柱状图，如果在录入数据时，直接将数据条展示在表格中，会是什么效果呢？

（1）新建一列"对比图"，将 B2:B51 数据复制到 C2:C51。

（2）全选 C 列，单击"开始"选项卡中的"条件格式"的向下箭头，选择"数据条/渐变填充"。

（3）文件另存为：sy15-3 数据条嵌入.xlsx。

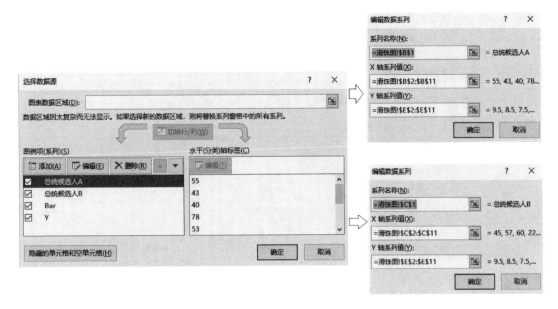

图 15-5 数据编辑

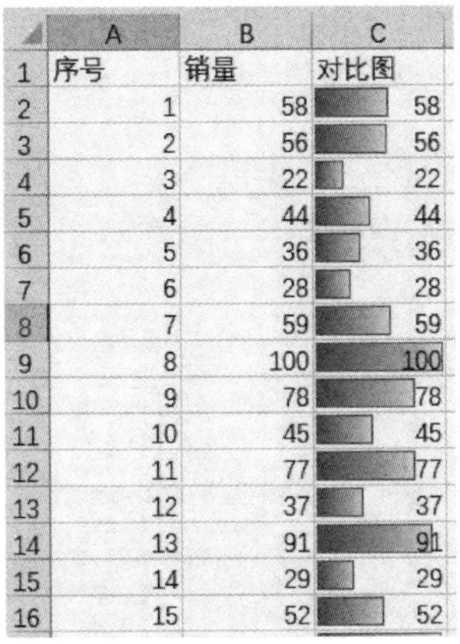

	A	B	C
1	序号	销量	对比图
2	1	58	58
3	2	56	56
4	3	22	22
5	4	44	44
6	5	36	36
7	6	28	28
8	7	59	59
9	8	100	100
10	9	78	78
11	10	45	45
12	11	77	77
13	12	37	37
14	13	91	91
15	14	29	29
16	15	52	52

图 15-6 数据条嵌入

A	B	C	D
工号	分析判断	沟通表达	团队协作
1234	! 72	✔ 93	✖ 57
1235	! 77	✖ 42	✔ 98
1236	✖ 32	! 83	! 82
1237	✔ 92	✔ 86	! 69
1238	✖ 53	! 62	✖ 36
1239	✔ 92	✖ 33	! 83
1240	! 78	! 68	! 73
1241	✖ 55	✖ 52	! 68
1242	✔ 86	✔ 90	✔ 98

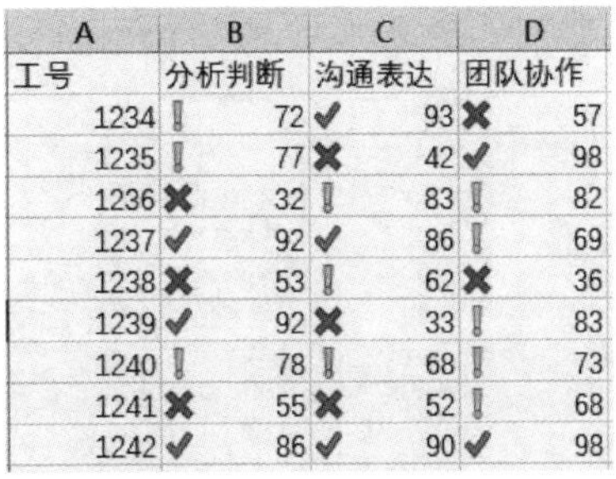

图 15-7 小图标嵌入

4. 打开 sy15-4.xlsx 文件，实现如图 15-7 所示的小图标嵌入。

看完数据条，再来看看小图标吧。根据数值展示出不同的小图标，调整表格内的数据，前面的小图标也可以随之改变。

(1) 选中 B2:D10 数据，单击“开始”选项卡中的“条件格式”的向下箭头，选择“图标集/其他规则”。

(2) 在弹出的“新建格式规则”选项卡中，“选择规则类型”点击“基于各自值设置所有单元格的格式”，格式式样选择“图标集”，图标样式选择“三个符号(无圆圈)”。

(3) 根据自定义的规则改变图标的值和类型。比如本案例自定义 60 分以下不及格，用“红色 X”表示；60—85 为一般，用“黄色！”表示；85 分以上为优秀，用“绿色√”表示。具体设置如图 15-8 所示。

(4) 文件另存为：sy15-4 小图标嵌入.xlsx。

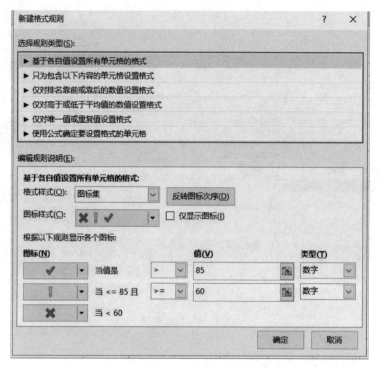

图 15-8　新建格式规则

5. 打开 sy15-5.xlsx 文件，实现如图 15-9 所示的迷你图表嵌入。

最后，再来展示一下迷你图，真正做到将图形嵌入到表格。

A	B	C	D	E	F	G
工号	其一季度	第二季度	第三季度	第四季度	折线图	柱形图
1589	59	83	90	31		
1590	93	27	93	86		
1591	75	87	49	60		
1592	35	95	81	72		
1593	90	63	71	61		
1594	58	32	42	64		
1595	80	70	24	86		
1596	42	68	66	72		
1597	21	74	40	89		
1598	72	43	60	22		

图 15-9　迷你图嵌入

（1）选中 B2:E2 数据，单击"插入"选项卡中的"迷你图"，选择"折线图"。

（2）在弹出的"创建迷你图"对话框中，选择数据范围为"B2:E2"，选择放置迷你图的位置范围为"F2"，单击"确定"按钮。

（3）填充 F3:F11，为每行数据嵌入迷你折线图。

（4）同理，可以在 G 列嵌入迷你柱形图。

（5）文件另存为：sy15-5 迷你图嵌入.xlsx。

6. 打开 sy15-6.xlsx 文件，制作全国各地区利润额及同比增长情况图表，要求能够通过复选框选择年利润和同比增长数据源是否显示。如图 15-10 只显示了全国各地区利润额，图 15-11 则只显示同比增长情况。

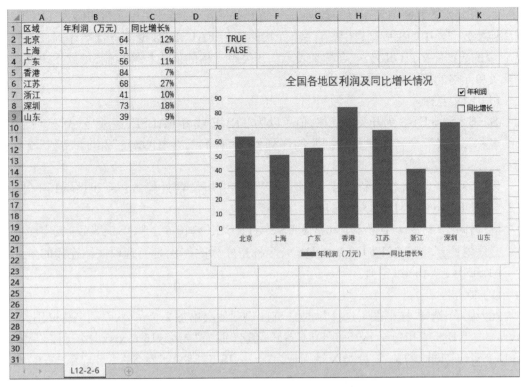

图 15-10　仅显示年利润的图

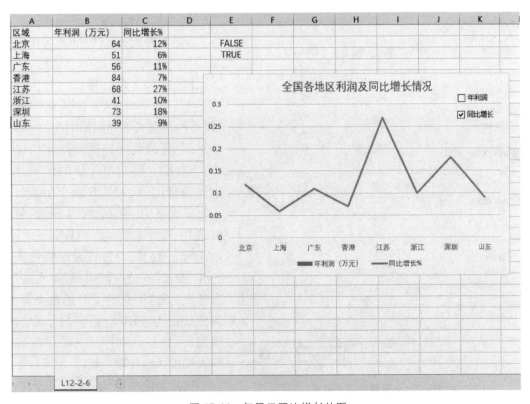

图 15-11　仅显示同比增长的图

利用 IF 函数判断图表连接的数据源,设置开关单元格,当开关单元格的值为 TRUE,数据源连接数据表中的相应列;如果开关单元格的值为 FALSE,数据源连接空序列,不显示。IF 计算的数据序列可以用公式名称来表示。开关单元格的值由控件控制,可供用户选择改变开关单元格的值。

(1) 定义名称。

$E$2 和 $E$3 为开关单元格,值可以为 TRUE 或者 FALSE,通过"公式"选项卡"定义的名称",定义三个名称计算数据源的序列值"年利润","同比增长"和"空序列"。具体如下:

以"年利润"为例,在名称处键入"年利润",在引用位置处输入:=IF('sy15-6'!$E$2=TRUE,'sy15-6'!$B$2:$B$9,空序列)

同理,同比增长:=IF('sy15-6'!$E$3=TRUE,'sy15-6'!$C$2:$C$9,空序列)

空序列:='sy15-6'!$D$2:$D$9,名称空序列的作用是当选项按钮连接的单元格为 FALSE 时,显示同维空值。

(2) 制作图表。

插入图表-选择"柱形图",选择数据源-在图例项依次增加 2 个系列,系列名称分别为"='sy15-6'!$B$1"和"='sy15-6'!$C$1",值分别为"='sy15-6.xlsx'!年利润"和"='sy15-6.xlsx'!同比增长"。分类 X 轴标记为"='sy15-6'!$A$2:$A$9"显示省份。再修改同比增长数据源的图标类型为"折线图"。

(3) 插入复选框控件。

执行菜单命令:"开发工具/插入/表单控件/复选框"插入 2 个复选项控件。鼠标右键选中复选框,进入"设计模式",可以直接修改控件的显示名称。在弹出的快捷菜单中选择"设置控件格式",弹出如图 15-12 所示的对话框,将两个控件的单元格链接为:E2、E3。链接单元格的作用是会把复选框的值(TRUE 或 FALSE)传送到单元格中,例如,当"年利润"复选框选中,E2 的值为 TRUE,否则为 FALSE。而 E3 的值直接影响数据源"同比增长"的值。数据源"年利润"对应公式名称"年利润",IF 函数计算 E2 的值是否为 TRUE,是则显示数据表数据,否则显示空序列。将修改好的图表和控件组合在一起。

(4) 文件另存为:sy15-6 表单控件动态图.xlsx。

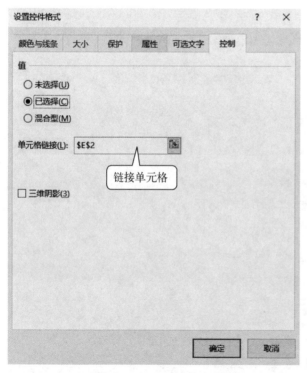

图 15-12 单元格链接的设置

利用复选框可以将两张图表分开来可视化,当然很多情况下,仍然需要在一张图中同时显示两类不同的数据。

7. 继续使用 sy15-6.xlsx 文件,看一下如何巧妙地制作组合图表(结果见图 15-13)。

首先,分析原始数据,发现表中包含了两组不同性质的数据。年利润各地区大小不一,为了能够直观的展示数据,适合使用柱形图的体量来强化多少;而对于同比增长或降低多少,适合使用折线图线段的爬升或下降来强化数据起伏变化。

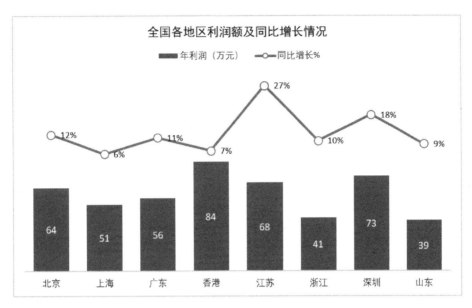

图 15-13　折线图与柱状图组合图表

(1) 选中全部数据,单击"插入"选项卡中的"图表"组右下角的对话框启动器,在弹出的对话框中选择"所有图表"选项卡,在左侧的图表类型列表中选择"组合",单击上方第四个图标"自定义组合",将"年利润(万元)"的图标类型设置为"簇状柱形图"。与此同时,将"同比增长%"的图表类型设置为"折线图",并勾选"次坐标轴"。结果如图 15-14 所示。

(2) 对图表进行优化和排版。首先,图例默认是靠下显示的。双击下方的图例,在右侧"设置图例格式"选项卡中,图例位置点击"靠上"。

(3) 图表内柱形之间的距离太宽了。双击柱形图,在"设置数据系列格式"选项卡中将"分类间距"设置为"50%"。

(4) 双击"图表标题",键入"全国各地区利润额及同比增长情况",然后在"开始"选项卡中设置字体"黑体",字号"12 号"和颜色"黑色"。

(5) 双击图表内的折线图,在"设置数据系列格式"选项卡中,点击"系列选项/标记",在是"数据标记选项"中设置为"内置",类型为"圆点",大小为"8",填充为"纯色填充",颜色为"白色"。

(6) 单击柱形图,然后单击右上角"+"符号,勾选数据标签。重复此操作,为折线图也添加数据标签。自此结果见图 15-15。

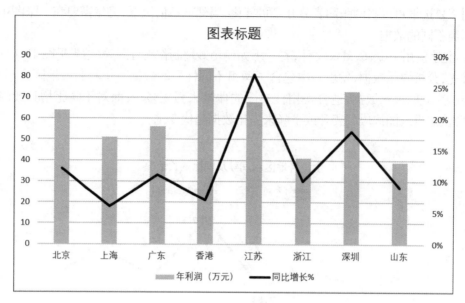

图 15-14　组合图雏形 1

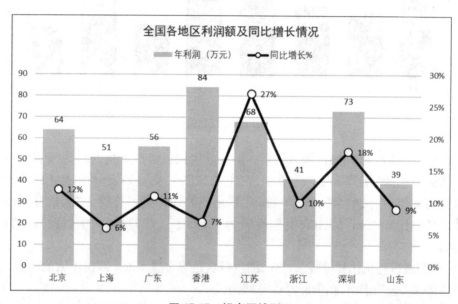

图 15-15　组合图雏形 2

　　然而,这样的效果并不令人满意,因为折线图和柱形图的数据标签交叉在一起形成了互相干扰,那么有没有办法将两者分开呢? 可以通过把折线图来放到次坐标轴,然后修改垂直轴的坐标轴最大值和最小值来实现。

　　(7) 选择左侧的"主垂直轴",在右侧出现的"设置坐标轴格式"选项卡中单击"坐标轴选项",将"边界"最大值设为"150",最小值设为"0"。同理修改"次垂直轴"坐标,将最大值设为"0.3",最小值设为"-0.3"。

　　(8) 双击"次垂直轴",在"设置坐标轴格式"中单击"坐标轴选项",将标签位置设为"无",隐藏次垂直轴。同样的操作隐藏主垂直坐标轴。

(9) 单击"网格线",在右侧"设置主要网格线格式"中,将线条设置为"无线条",以此来删除网格线。此外,单击"柱状图图表标签",在右侧"设置数据标签格式"选项卡中,选择"标签选项",并将"标签位置"选择为"居中",颜色设为"白色",至此可以达到图 15-13 的效果。

(10) 文件另存为:sy15-6 折线图与柱状图组合图.xlsx。

8. 打开 sy15-7.xlsx 文件,实现如图 15-16 所示的动态图表。

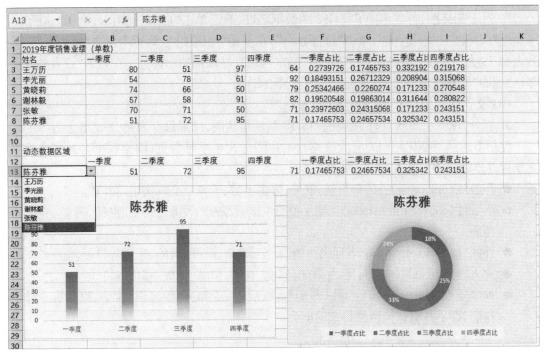

图 15-16　动态图表

在这个万物皆看颜值的时代,如果能够将图表也动起来,一定会加分不少。下面一起学习如何实现动态图表。

(1) 建立动态图表的数据区。

① 为了设置控制单元格,首先选择 A13 单元格,在"数据"选项卡的"数据工具"组中,单击"数据验证"按钮,打开"数据验证"对话框。在允许下拉框中,选择"序列";在来源文本框中,输入"=＄A＄3:＄A＄8",单击"确定"。通过 A13 单元格的下拉列表,选择姓名,如"王万历",见图 15-17。

② 为了设置动态数据区域,在 B13 单元格中输入如下公式"=VLOOKUP(＄A13,＄A＄3:＄I＄8,COLUMN(),FALSE)"并填充至 I13 单元格。A12:I13 单元格区域为

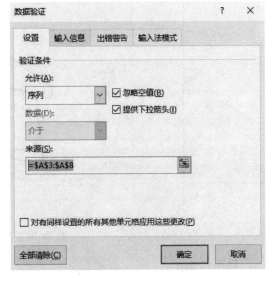

图 15-17　数据验证

动态数据区域,通过 A13 单元格的下拉列表框选择不同的数据,观察动态数据。

(2) 基于动态数据区域创建图表。

基于动态数据区域建立动态图表,图表反映基于当前控制单元格的值所对应类别的数据。

注意此处:使用柱状图表示每个季度的销售值,而用圆环图表示各季度的占比。

① 对于柱状图,首先选择 A12:E13 的数据区域,然后单击"插入"选项卡,选择"柱形图"的子类型"簇状柱形图"。不显示图例,并增加数据标签。

② 对于圆环图,首先选择 F12:I13 的数据区域,然后单击"插入"选项卡,选择"饼图"的子类型"圆环图"。右键图表,单击"选择数据",在左侧"图例项(系列)"中单击"编辑",将"系列名称"改为"=Sheet1!＄A＄13",单击"确定"按钮,并增加数据标签。在右侧"设置数据标签格式"的"标签选项"处勾选标签包括"百分比(P)"。

(3) 文件另存为:sy15-7 动态图表.xlsx。

9. 打开 sy15-8.xlsx 文件,参照图 15-18 绘制雷达图,结果保存为 sy15-8 雷达图.xlsx。

使用雷达图可视化用户的五大性格。雷达图适用于多维数据(四维以上),且每个维度必须可以排序。用户的五大性格包括:

● 开放性(openness):具有想象、审美、情感丰富、求异、创造、智能等特质。

● 尽责性(conscientiousness):显示胜任、公正、条理、尽职、成就、自律、谨慎、克制等特质。

● 外倾性(extroversion):表现出热情、社交、果断、活跃、冒险、乐观等特质。

● 宜人性(agreeableness):具有信任、利他、直率、依从、谦虚、移情等特质。

● 神经质性(neuroticism):难以平衡焦虑、敌对、压抑、自我意识、冲动、脆弱等情绪的特质,即不具有保持情绪稳定的能力。

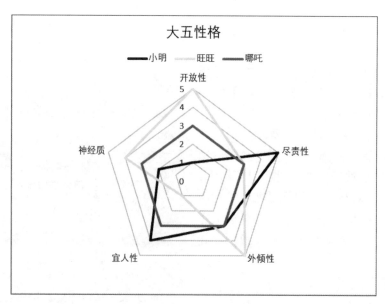

图 15-18　大五性格雷达图

操作提示:

选中全部数据,单击"插入"选项卡中的"图表"组右下角的对话框启动器,在弹出的对话框中选择"所有图表"选项卡,在左侧的图表类型列表中选择"雷达图"即可。

10. 打开 sy15-9. xlsx 文件,参照图 15-19 绘制期末考试进度安排甘特图,结果保存为
sy15-9 甘特图. xlsx。

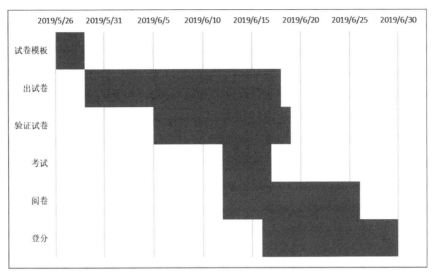

图 15-19   期末考试安排甘特图

11. 打开 sy15-10. xlsx 文件,参照图 15-20 绘制盈亏分析对比图,结果保存为 sy15-10 盈
亏对比图. xlsx。

操作提示:

参考第 3 题,当数据有正有负时,嵌入数据条即可实现盈亏分析对比图。

	A	B	C
1	序号	盈亏	对比图
2	1	58	58
3	2	56	56
4	3	-22	-22
5	4	44	44
6	5	36	36
7	6	28	28
8	7	-59	-59
9	8	100	100
10	9	78	78
11	10	45	45
12	11	-77	-77
13	12	37	37
14	13	91	91
15	14	-29	-29

图 15-20   盈亏分析对比图

A	B	C	D
月份/城市	上海	北京	广州
1月	4	-4	16
2月	5	0	17
3月	9	6	19
4月	15	14	23
5月	20	20	26
6月	24	25	28
7月	29	27	29
8月	26	26	29
9月	25	21	27
10月	19	13	25
11月	13	5	21
12月	7	-5	17

图 15-21   温度热图

12. 打开 sy15-11. xlsx 文件,参照图 15-21 绘制温度热图,结果保存为 sy15-11 温度热
图. xlsx。

操作提示:

选中数据,单击"开始"选项卡中的"条件格式"的向下箭头,选择"色阶/红黄绿色阶"。

13. 打开 sy15-12. xlsx 文件,参照图 15-22 绘制复合条饼图,结果保存为 sy15-12 复合条
饼图. xlsx。

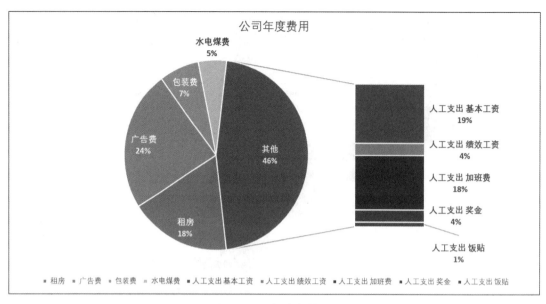

图 15-22　复合条饼图

操作提示：

（1）选中全部数据，单击"插入"选项卡中的"图表"组右下角的对话框启动器，在弹出的对话框中选择"所有图表"选项卡，在左侧的图表类型列表中选择"饼图／复合条饼图"。

（2）单击"饼图"，在右侧出现的"设置数据系列格式"选项卡中选择"数据系列"，将"第二绘图区中的值"设为"5"，则条状图中会出现人工支出的 5 维数据。

14. 打开 sy15-13. xlsx 文件，参照图 15-23 绘制动态图表。

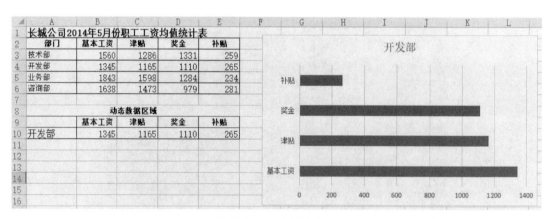

图 15-23　动态图表实验

操作提示：

（1）参照第 8 题，使用"VLOOKUP"函数实现。

（2）使用其他函数，如 ADDRESS, CELL, INDIRECT, COLUMN 等函数，具体公式"＝INDIRECT(ADDRESS(CELL("ROW"),COLUMN(A3)))"

（3）单击 A3—A6 任意单元格，按 F9 功能键重新计算公式。

实验 16

基于 Power BI 的数据可视化

实 验 目 的

掌握使用 Power BI 软件进行数据可视化的方法。

实 验 内 容

1. 打开 sy16-1. xlsx 文件,对 2006 年到 2015 年各省 GDP 报表进行分析和可视化,结果保存为 sy16-1GDP 案例. pbix。

(1) 为各省市 GDP 进行动态排序,并添加平均线和中值线。

① 打开 Power BI 软件,单击"获取数据 / Excel"后单击"连接"按钮,打开 sy16-1. xlsx 文件。在导航器页面,勾选"GDP"表,单击"加载"按钮,数据源连接成功。

② 可视化对象里选择"簇状柱形图",单击"字段"图标。把"GDP"中的"城市"字段拖拽到"轴",把"GDP(亿元)"字段拖拽到"值"并点击下拉箭头,选择"求和"。

如果要动态显示每一年各省 GDP 的变化,则可以根据以下步骤:

③ 在 Power BI 应用商店中导入"Play Axis (Dynamic Slicer)"视觉对象。单击该视觉对象,将"年份"拖拽到"Field"。选择菜单栏"格式",单击选中"编辑交互",会发现条形图可视化窗口的右上角出现了几个小图标,点击最左侧的漏斗型"筛选器"图标。点击播放按钮"▶",即可看到各省 GDP 随时间的变化。

④ 选中"簇状柱形图",选择可视化下方的"分析"字段。单击"平均值线",选择"添加",将颜色改为"红色","数据标签"打开,颜色选为"红色",水平位置为"右",显示单位为"百万"。同理,添加"中值线"。

完成的可视化图表如图 16-1 所示。

(2) 汇报重要的指标,不要将它埋没在图表里。

要完成这个任务,可以采用 Power BI 的卡片图。卡片图,也被称为大数字磁贴,严格来说不能算是一种图表,只是仪表板的一个组件而已。在仪表板或报表中需要跟踪和展示的最重要信息,有时只是一个数字,那么卡片图就派上用场了。在本案例中,可以在卡片图中显示省市的名称以及 GDP 数值(如图 16-2),具体操作如下:

① 创建一个基础的度量值[GDP]:GDP = SUM('GDP'[GDP(亿元)])

② 创建[带地区的 GDP],这个度量值是利用 HASONEVALUE 函数确定是否切片器被筛选,如果筛选就返回筛选的地区和 GDP 数据,否则返回"全国"的 GDP;这两个字符串中间加了个 UNICHAR(10),是换行符。

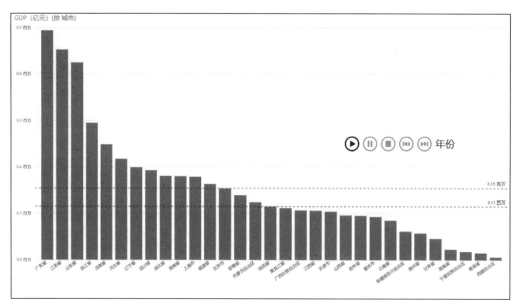

图 16-1　GDP 动态排序

图 16-2　GDP 卡片图

　数据分析与大数据实践实验指导

带地区的 GDP ＝

IF(HASONEVALUE('GDP'[城市]),

VALUES('GDP'[城市])&UNICHAR(10)&[GDP],

"全国"&UNICHAR(10)&[GDP])

③ 可视化对象里选择"卡片图",单击"字段"图标。把"GDP"中的"带地区的 GDP"字段拖拽到"字段",可以看到卡片图显示了全国的 GDP 总数。为了显示各省市的数据,新添一个"切片器"对象,把"城市"拖拽到"字段",即可达到效果。

④ 选中卡片图,单击"格式"图标,来对卡片图进行格式优化。具体,打开"标题",标题文本键入"GDP(亿元)",字体颜色为"白色",背景色为"绿色",文本大小为"17 磅"。同时,将"边框"选择"开"。

⑤ 选中切片器,单击"格式"图标,来对切片器进行格式优化。具体,单击"选择控件",显示"全选"选项为"开"。分别单击"切片器标头"和"项目",将文本大小设为"15 磅"。单击"边框",选择"开"。

(3) 如果想一次性多展示一些重要的指标(如省市、年份、GDP 和全国排名),那么卡片图并不足够,需要如图 16-3 所示的多行卡。

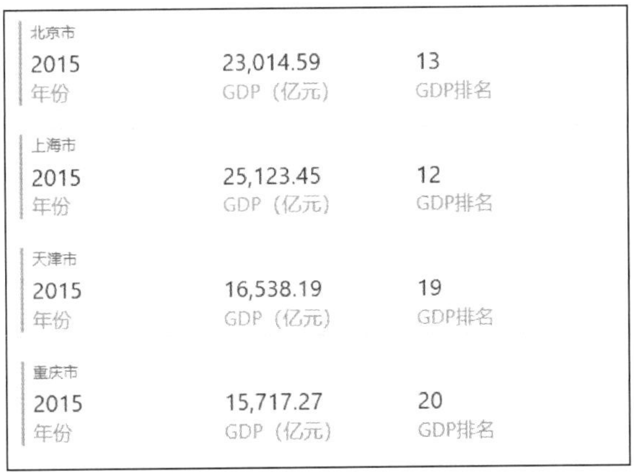

图 16-3　GDP 多行卡

① 创建 GDP 排名度量值。

GDP 排名 ＝ IF(HASONEVALUE('GDP'[城市]),

RANKX(ALL('GDP'[城市]),[GDP]),

BLANK())

② 可视化对象里选择"多行卡",单击"字段"图标。把"GDP"中的"城市"、"年份"、"GDP(亿元)"和"GDP 排名"依次拖拽到"字段"。右键"年份",选择"不汇总"。

③ 为了比较北京、上海、天津和重庆等四个直辖市 2015 年的 GDP 信息,在筛选器"城市"中勾选这四个城市,并在筛选器"年份"中勾选"2015"。

④ 选中多行卡,单击"格式"图标,来对多行卡进行格式优化。具体,打开"数据标签",将文本大小设为"20 磅"。打开"类别标签",将文本大小设为"17 磅"。打开"卡片图",将"边框"选择为"框架",即可得到图 16-3。

（4）分析图表整合。

① 单击顶部"主页"选项卡下的"发布"按钮,将此报表发布到 Power BI 网页版。在"发布到 Power BI"对话框中,选择"我的工作区",按"选择"按钮。在成功发布到 Power BI 后,会出现成功字样,然后单击"在 Power Bi 中打开 GDP 案例.phix"链接,跳转到网页。

② 在打开的网页界面上,单击顶部"固定活动页",在弹出的"固定到仪表板"对话框中,选择"您希望固定到哪里"为"新建仪表板",仪表板名称为"GDP 分析仪表板",然后单击"固定活动页"。重复操作,将后续几个工作表固定到"现有仪表板"。

③ 单击左侧"我的工作区",然后单击"仪表板",可以看到刚刚创建的"GDP 分析仪表板",单击进入即能看到拥有 3 个工作表的仪表板。对每个工作表进行拖拉,可改变位置方向,最后生成如图 16-4 的 Power BI 仪表盘。

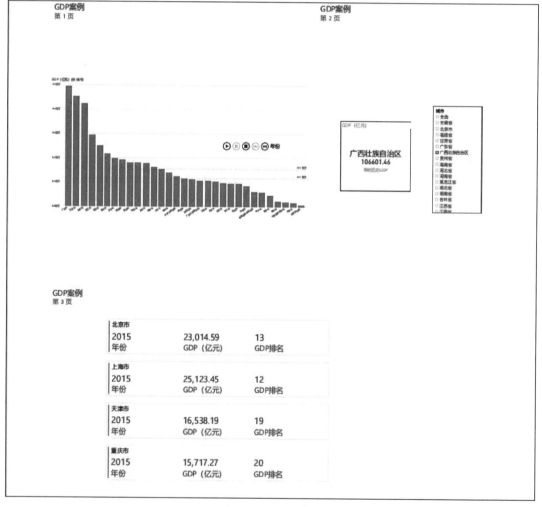

图 16-4　GDP 分析仪表板

2. 打开 sy16-2.xlsx 文件,对 2011 年至 2016 年全球高校排名进行分析和可视化,结果保存为 sy16-2 全球高校排名案例.pbix。

（1）数据清洗与预处理。

本案例的数据来源于 TimesData,首先将缺失的数据进行删除,然后根据 Times 测评工作计算了每个学校的总分,目的是为了后续可视化便利。具体地,五类衡量学校排名的参数及权重分别定义为:授课 teaching(评估学习环境)30%,论文引用影响 citations(测算研究影响力)32.5%,研究 research(包括数量、收入和名声)30%,国际师资和学生以及教师和学生 international 比例 5%,工业收入 income(测算知识转移)2.5%,据此加权算得总分。

(2) 制作雷达图,比较哈佛大学和清华大学在五维评测依据上的得分差异。

Power BI 提供了一个雷达可视化控件供用户使用,可以设置多个数据分析点,对多种数据进行分析。雷达图的设置比较简单,但是应用上需要有特别要注意的地方,并且对要分析的数据格式有一定要求,如果数据准备有问题,可能就无法达到想要的结果。接下来,一起来学习制作如图 16-5 所示的雷达图的具体流程。

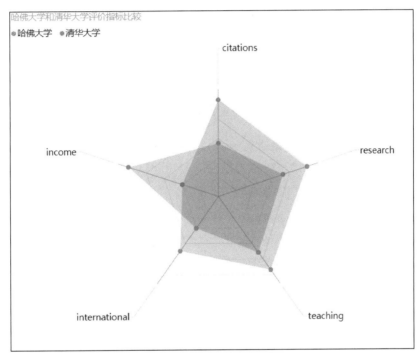

图 16-5　高校评价雷达图

① 打开 Power BI 软件,单击"获取数据/Excel"后单击"连接"按钮,打开 sy16-2. xlsx 文件。在导航器页面,勾选"五维评价"和"高校排名"表,单击"加载"按钮,数据源连接成功。

② 在顶部"主页"选项卡中,选择"编辑查询"。在左侧单击"五维评价",然后按住 "Shift"键选中 teaching,international,research,citation 和 income 等五列。单击顶部"转换" 选项卡,在"任意列"设置中单击"逆透视列/仅逆透视选择列",可以发觉新多出来两列数据, 分别是"属性"和"值",分别将其重命名为"评价指标"和"评价值",如图 16-6 所示。单击顶部"主页"选项卡,选择"关闭并应用"。

③ 在 Power BI 应用商店中导入"Radar Chart"视觉对象。将"五维评价"表中的"评价指标"字段拖拽到"类别","评价值"拖拽到"Y 轴",将"university_name"拖拽到"此视觉对象上的筛选器"上。虽然可以看到某个具体的高校的评价指标,然而无法进行学校之间的比较。

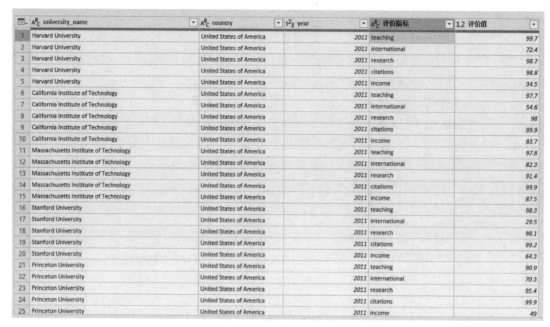

图 16-6 逆透视后的部分数据

④ 这种情况需要通过添加度量值来解决。比如,想要比较哈佛大学与清华大学在这五维评价指标上的得分(2011—2016 年的平均),需要建立以下两个度量值"哈佛大学"和"清华大学",并依次将这两个度量值拖拽到"Y 轴"。

哈佛大学 = CALCULATE(AVERAGE('五维评价'[评价值]),'五维评价'[university_name]="Harvard University")

清华大学 = CALCULATE(AVERAGE('五维评价'[评价值]),'五维评价'[university_name]="Tsinghua University")

⑤ 选中雷达图,单击"格式"图标,来对雷达图进行格式优化。具体,打开"标题",将文本大小设为"14 磅"。打开"数据颜色",将"哈佛大学"设为绿色,而"清华大学"设为"红色"。打开"数据标签",将文本大小设为"14 磅"。打开"标题",将"标题文本"改为"哈佛大学和清华大学评价指标对比",文本大小设为"14 磅",即可得到图 16-5。通过雷达图可以发现除了工业收入 income 这一维,清华大学在其他思维得分上都低于哈佛大学。

(3) 通过可视化,观察从 2011 年到 2016 年全球 Top20 所高校的排序变化,如图 16-7。

① 可视化对象里选择"簇状条形图",单击"字段"图标。把"高校排名"表中的"university_name"字段拖拽到"轴",把"university_name"字段拖拽到"图例",把"Total_Score"字段拖拽到"值"并点击下拉箭头,选择"平均值"。

② 在筛选器"university_name"中,筛选类型选择"前 N 个",显示项目"上/20",按值"Total_Score",并点击下拉箭头,选择"平均值"。

③ 在 Power BI 应用商店中导入"Play Axis (Dynamic Slicer)"视觉对象。单击该视觉对象,将"年份"拖拽到"Field"。选择菜单栏"格式",单击选中"编辑交互",会发现条形图可视化窗口的右上角出现了几个小图标,点击最左侧的漏斗型"筛选器"图标。点击播放按钮

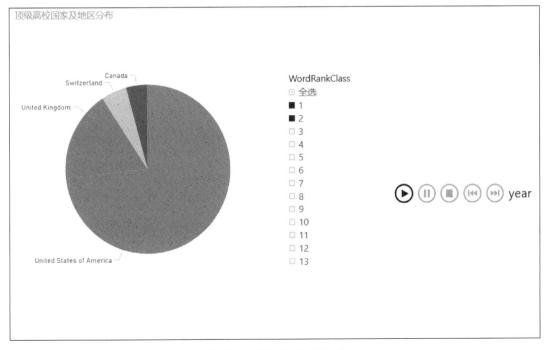

图 16-7　高校动态排名

"▶",即可看到随时间 Top20 高校排名的变化。

④ 选中"簇状条形图",单击"格式"图表。将"X 轴"和"Y 轴"中的文本字体大小设为"12 磅"。打开"标题",标题文本键入"全球 Top20 高校排名"。

(4) 通过可视化世界顶级高校的国家及地域分布,观察各国的高校水平,如图 16-8 所示。

图 16-8　顶级高校地域分布

① 可视化对象里选择"饼图",单击"字段"图标。把"高校排名"表中的"country"字段拖拽到"图例",把"country"字段拖拽到"值"并点击下拉箭头,选择"计数"。单击"格式"图标,将数据颜色改成如图 16-8 所示,将标题改为"顶级高校国家及地区分布",文本大小设为"15 磅"。

② 添加可视化对象"切片器",单击"字段"图标,将"WordRankClass"拖拽入"字段"。在本案例中,如果想可视化世界前 20 名高校的地域分布,可以按住"Ctrl"键,选中"1"(代表排名 1—10 的高校)和"2"(代表排名 11—20 的高校)。然后单击"格式"图标,打开"选择控件",将"显示全选选项"点为"开"。打开"项目",将文本大小设为"15 磅"。

③ 在 Power BI 应用商店中导入"Play Axis (Dynamic Slicer)"视觉对象。单击该视觉对象,将"年份"拖拽到"Field"。选择菜单栏"格式",单击选中"编辑交互",会发现条形图可视化窗口的右上角出现了几个小图标,点击最左侧的漏斗型"筛选器"图标。点击播放按钮"▶",即可看到顶级高校地域分布随时间的变化。

(5) 可视化结果发现中国的高校在世界前 20 榜单上没有身影,那么随之而来的问题就是中国高校到底水平如何? 可视化的结果如图 16-9 所示。

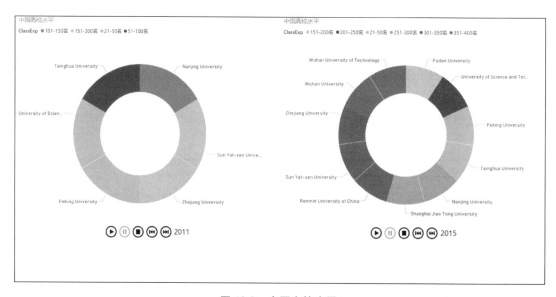

图 16-9　中国高校水平

① 可视化对象里选择"环形图",单击"字段"图标。把"高校排名"表中的"ClassExp"字段拖拽到"图例",把"university_name"字段拖拽到"详细信息",把"WordRankClass"字段拖拽到"值"并点击下拉箭头,选择"计数(非重复)"。将"Country"字段拖拽到"此视觉对象上的筛选器",并选择"China"。随后单击"格式"图标,分别将"图例"、"详细信息"和"标题"的文本大小都设置为"15 磅",并将标题改为"中国高校水平"。

② 在 Power BI 应用商店中导入"Play Axis (Dynamic Slicer)"视觉对象。单击该视觉对象,将"年份"拖拽到"Field"。选择菜单栏"格式",单击选中"编辑交互",会发现条形图可视化窗口的右上角出现了几个小图标,点击最左边的漏斗型"筛选图表"。点击播放按钮"▶",即可看到中国高校水平随时间的变化。

结果发现在 2011 年,中国有两所大学排在世界 21—50 名(分别是北京大学和中国科技大学),而到了 2015 年,清华大学取代中科大进入世界前 50。而其他学校的排名也随着时间的变化有所上升或下降。

(6) 高校的排名会受到什么因素影响呢? 通过如图 16-10 的可视化结果可以窥探一二。

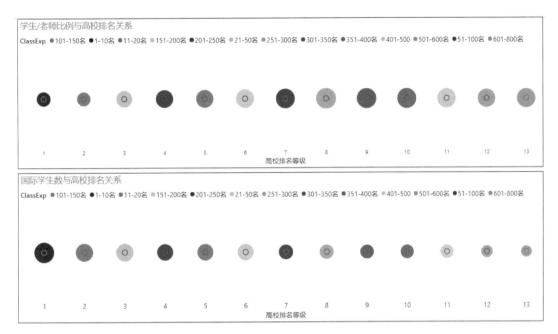

图 16-10　高校排名影响因素

首先,希望了解高校中学生与老师的比例高低是否会影响到其全球排名。

① 可视化对象里选择"散点图",单击"字段"图标。把"高校排名"表中的"ClassExp"字段拖拽到"图例",把"WordRankClass"字段拖拽到"X 轴"并点击下拉箭头,选择"不汇总"。把"student_staff_ratio"字段拖拽到"大小"并点击下拉箭头,选择"平均值"。

② 单击"格式",打开"X 轴"将类型设为"类别"。将标题文本改为"学生/老师比例与高校排名关系",并将"图例"、"X 轴"、"标题"文本大小设置为"15 磅"。

③ 重复步骤①,把"international students"字段拖拽到"大小"并点击下拉箭头,选择"平均值",并重复步骤②,将标题文本改为"国际学生数与高校排名关系"。

从图 16-10 中发现排名越高的学校学生/老师占比越低,即一个老师对应学生较少(小班精英教学),而排名越高的学校国际学生比例越高(多元化开放教学)。

3. 打开 sy16-3.xlsx 文件,对 IMDB 上电影评分数据进行分析和可视化,结果保存为 sy16-3IMDB 电影.pbix。

(1) 数据清洗与预处理

首先下载 IMDB Movie 数据集,删除其中不完整的数据。最终保留了 3 889 部电影和海报的数据,其涵盖了 47 个国家,横跨约 100 年时间,包含 1 752 位导演和数以千计的男女演员。数据共有以下 28 个参数,详见表 16-1。

表 16-1　IMDB Movie 数据集参数表

电影名称	电影题材	影片时长	电影年份
语言	国家	电影分级	海报中的人脸数量
画布的比例	画面颜色	剧情关键字	制作成本
票房	评论家评论的数量	用户的评论数量	IMDB 上的评分
参与投票的用户数量	脸书上投喜爱的总数	脸书上被点赞的数量	导演
脸书喜欢该导演的人数	演员 1 姓名	脸书上喜爱演员 1 的人数	演员 2 姓名
脸书上喜爱演员 2 的人数	演员 3 姓名	脸书上喜爱演员 3 的人数	IMDB 地址

（2）电影题材变化趋势分析，结果如图 16-11 所示。

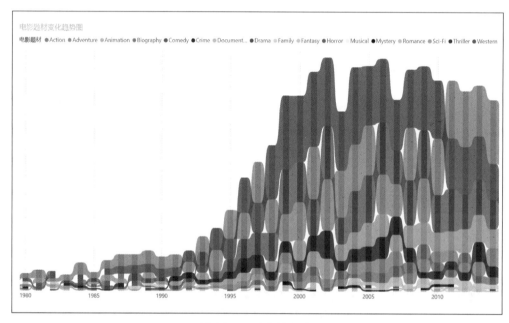

图 16-11　功能区图表

操作提示：

使用"功能区图表"来高效显示排名变化，该图表在每个时间段始终将最高排名（值）显示在最顶部。具体来说，选择"功能区图表"可视化视觉对象，将"IMDB_Movie"表中的"电影年份"字段拖拽到"轴"，把"电影题材"字段拖拽到"图例"，把"电影题材"拖拽到"值"并单击下拉箭头，选择"计数"。

结果分析：

可视化结果可以看到，前三大电影类型分别是动作片 Action，喜剧片 Comedy 和剧情片 Drama。在 2010 年前，喜剧片仍然产量最高，但是随着近年来特效和 3D 技术的发展和不断完善，拥有更多特技的动作片在 2010 年后出产量蹿升到榜首。与此同时，冒险片 Adventure 的产量也逐年上升。

（3）电影海报上人脸数量与 IMDB 评分的关系分析，结果如图 16-12 和图 16-13 所示。

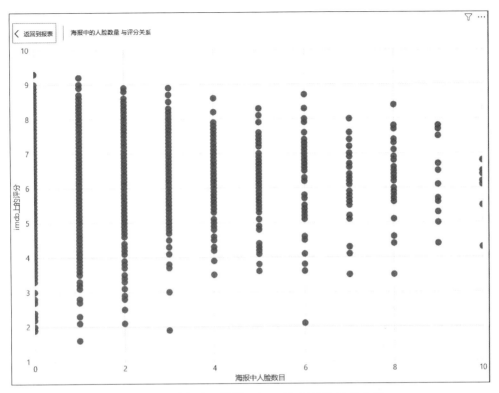

图 16-12　海报中人脸数目与 IMDB 评分关系-散点图

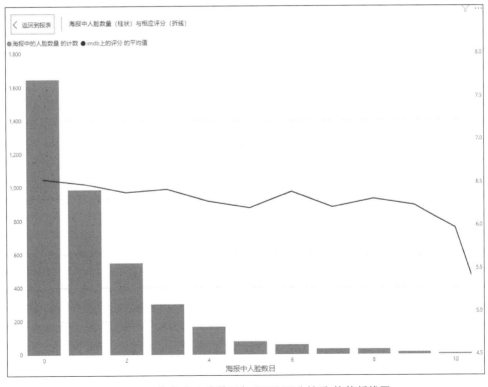

图 16-13　海报中人脸数目与 IMDB 评分关系-柱状折线图

操作提示：

① 选择"散点图"可视化视觉对象,将"海报中的人脸数量"拖拽到"X 轴"并单击下拉箭头,选择"不汇总"。将"IMDB 上的评分"拖拽到"Y 轴"并单击下拉箭头,选择"不汇总"。调整格式后可得图 16-12。

② 为了进一步了解不同人脸数海报对应的电影的平均分,可以使用"柱状图＋折线图"方法。具体选择"折线和堆积柱形图"可视化视觉对象,将"海报中的人脸数量"拖拽到"共享轴",将"海报中的人脸数量"拖拽到"列值"并单击下拉箭头,选择"计数"。将"IMDB 上的评分"拖拽到"行值",选择"平均"。调整格式后可得图 16-13。

结果分析：

从图 16-12 中可以看出越是评分高(8 分以上)的电影,海报上的人脸数量是趋于少数的。而从图 16-13 可以得出相似结论,即：人脸越多,平均分会相应下降。

(4) 电影制作国家及地区与 IMDB 评分的关系分析,结果如图 16-14 所示。

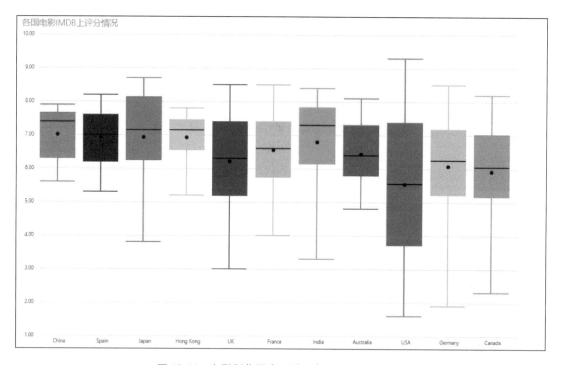

图 16-14　电影制作国家及地区与 IMDB 评分关系

操作提示：

① 在 Power BI 应用商店中导入"Box and Whisker Chart"视觉对象。单击该视觉对象,将"国家"拖拽到"Category"。将"IMDB 上的评分"拖拽到"Sampling",将"IMDB 上的评分"拖拽到"Values"并点击下拉箭头,选择"平均值",将"票房"拖拽到"Tooltips"。

② 点击筛选器中的"国家",将筛选类型改为"前 N 个",显示项目为"上／10",按值"国家",下拉箭头选择"计数",单击"应用筛选器"。

③ 调整格式,即可得到图 16-14,其中横线代表中位线,点代表平均值。

结果分析:

笔者筛选了出产电影最多的 10 个国家并使用了箱型图,发现就这个数据来说美国电影虽然出产多,不过良莠不齐,有得分很高的,也有得分很低的,平均分和中位水平不如中国等其他国家。

(5) 使用卡片图单独显示某一部电影的得分和排名,结果如图 16-15 所示。

操作提示:

① 建立三个度量值"Score","电影得分","电影排名"
- Score = average(IMDB_Movie[IMDB 上的评分])
- 电影得分 = IF(HASONEVALUE(' IMDB_Movie '[电影名称]),
VALUES(' IMDB_Movie '[电影名称])&UNICHAR(10)&[Score])
- 电影排名 = IF(HASONEVALUE(' IMDB_Movie '[电影名称]),
RANKX(ALL(' IMDB_Movie '[电影名称]),[Score]), BLANK())

图 16-15　卡片图显示电影得分和排名

② 选择"卡片图"可视化视觉对象,将"电影得分"拖拽到"字段"。

③ 新添一个"卡片图",将"电影排名"拖拽到"字段"。

④ 把"电影名称"拖拽到"此页上的筛选器",选择一部电影如"The Shawshank Redemption"。

⑤ 调整卡片图的格式,即可得到结果如图 16-15 所示。

(6) 找出 IMDB 高分电影(评分在 8.5 分或以上),并使用多行卡显示其电影名称、评分、制作国家和电影年份等信息,结果如图 16-16 所示。

操作提示:

① 选择"多行卡"可视化视觉对象,将"IMDB 上的评分"、"电影名称"、"国家"、"电影年份"拖拽到"字段",并单击"IMDB 上的评分"下拉箭头,选择"平均值"。

② 在筛选器中选择"imbd 上的评分",显示值满足以下条件的项:"大于或等于","8.5",应用筛选器。

③ 调整格式后,即可得到图 16-16。

(7) 参考第 1 题第(4)步创建仪表板,对分析图表进行整合。

高分电影信息表			
9.30 imdb上的评分 的平均值	The Shawshank Redemption 电影名称	USA 国家	1994 电影年份
9.20 imdb上的评分 的平均值	The Godfather 电影名称	USA 国家	1972 电影年份
9.00 imdb上的评分 的平均值	The Dark Knight 电影名称	USA 国家	2008 电影年份
9.00 imdb上的评分 的平均值	The Godfather: Part II 电影名称	USA 国家	1974 电影年份
8.90 imdb上的评分 的平均值	Pulp Fiction 电影名称	USA 国家	1994 电影年份
8.90 imdb上的评分 的平均值	Schindler's List 电影名称	USA 国家	1993 电影年份
8.90 imdb上的评分 的平均值	The Good, the Bad and the Ugly 电影名称	Italy 国家	1966 电影年份
8.90 imdb上的评分 的平均值	The Lord of the Rings: The Retu... 电影名称	USA 国家	2003 电影年份
8.80 imdb上的评分 的平均值	Fight Club 电影名称	USA 国家	1999 电影年份
8.80 imdb上的评分 的平均值	Forrest Gump 电影名称	USA 国家	1994 电影年份
8.80 imdb上的评分 的平均值	Inception 电影名称	USA 国家	2010 电影年份

图 16-16　高分电影信息表

实验 17

基于 Tableau 的数据可视化

实 验 目 的

掌握使用 Tableau 可视化数据的一般步骤,学会使用"页面"属性和筛选器设置,创建 Tableau 交互式动态图表的一般方法。

实 验 内 容

1. 打开 Tableau Desktop,连接 Excel 数据源,打开"sy17-1 上海 AQI. xlsx"文件。如图 17-1 所示。该数据保存了 2018 年一年间上海的空气质量数据,经分析与可视化后,保存为 sy17-1JG. twbx。

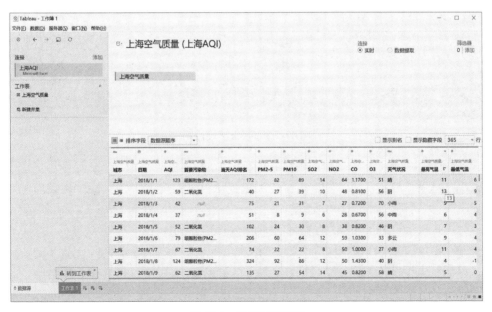

图 17-1　数据打开界面

(1) 创建可以播放的动点轨迹图。感受一年当中每天的 AQI 指数的动态变化情况。

① 把"工作表 1"的名称重命名为"AQI 指数"。

② 把维度中的"日期"字段拖拽到"页面"卡。单击该字段右侧的倒三角符号,在弹出窗口中选择"天",如图 17-2 所示。把维度中的"日期"字段拖拽到"列"功能区。单击该字段右侧的倒三角符号,在弹出窗口中选择"天"。

③ 把度量中的"AQI"字段拖拽到"行"功能区。

④ 把"标记"修改为"圆",并修改"标记"区中的颜色为"蓝色"。

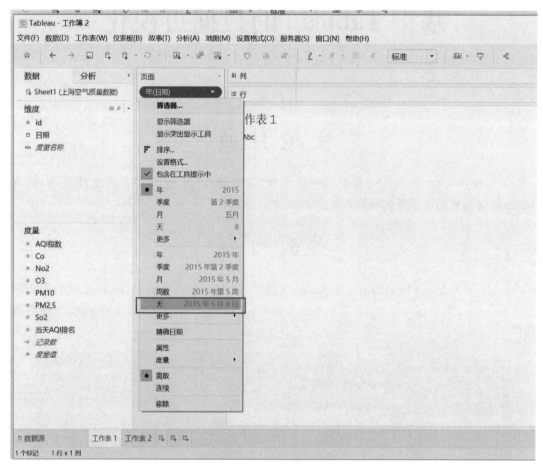

图 17-2　页面卡字段设置

⑤ 设置播放菜单(图 17-3 框线所标识的部分)。在播放菜单中,单击"显示历史记录"的下拉菜单,分别将"标记以显示以下内容的历史记录"选为"全部",将"长度"也设为"全部",并将显示改为"轨迹",如图 17-4 所示。

说明: Tableau 中的"页面"功能,有三种播放操作方式:

● 直接跳到某一特定的页。

这里即相当于直接跳到某个日期:单击下拉菜单按钮,可以直接选择某个时间,则视图中立即跳至该日期的视图。

● 手动调整播放进度。

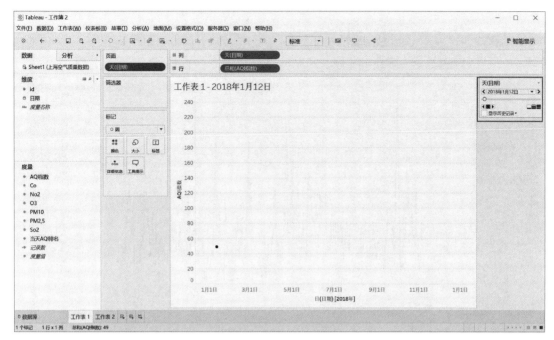

图 17-3　播放菜单

在下拉菜单按钮两边分别有一个"后退"和"前进"按钮,单击相当于向后或向前翻一页,还可以用日期下方的滑动条,手动将视图滑至某一页。

● 自动翻页。

在下拉菜单下方可以看到有两个翻页按钮,分别为向前翻页和向后翻页,单击其中某个即可实现自动向前或向后翻页。左边中间的是暂停按钮,右边则是用来调节翻页速度的。

⑥ 单击向前播放按钮,来体验一下图表的动态效果,看看生成的轨迹图。播放的速度有"慢""普通""快"三个选项。若希望能看清每个轨迹点的具体数值,可以把度量中的"AQI"字段拖拽到"标签"。比较一下设置标签和不设置标签的区别。

生成的轨迹图如图 17-5 所示。可尝试自行设置标记工作区中"标记符号""颜色""大小"的值,以达到不同的效果。把"标记符号"改为"条形图"并修改了"颜色"后生成的轨迹图如图 17-6 所示。

图 17-4　播放菜单设置

(2) 创建可以变化的饼图。统计每个月空气质量优劣天数的占比情况。

① 新建"工作表 2"命名为"空气质量饼图"。

② 根据表 17-1 创建计算字段"空气质量等级"。该计算字段的定义参考图 17-7。

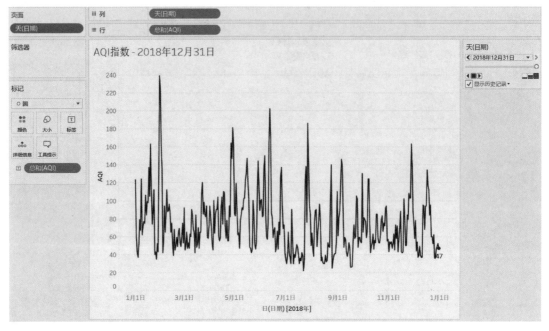

图 17-5　动态轨迹折线图

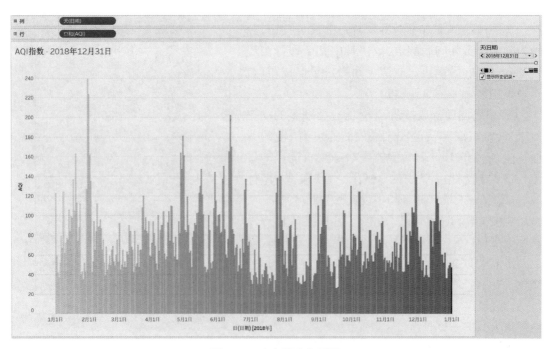

图 17-6　动态轨迹条形图

表 17-1　空气质量指数等级

AQI	等级	类别	对健康影响情况	注意事项
0—50	一级	优	空气质量令人满意,基本无空气污染	可多参加户外活动
51—100	二级	良	空气质量可接受,但某些污染物可能对极少数异常敏感人群健康有较弱影响	可以正常进行室外活动
101—150	三级	轻度污染	易感人群症状有轻度加剧,健康人群出现刺激症状	敏感人群减少体力消耗的户外活动
151—200	四级	中度污染	进一步加剧易感人群症状,可能对健康人群心脏、呼吸系统有影响	对敏感人群影响较大
201—300	五级	重度污染	心脏病和肺病患者症状显著加剧,运动耐受力降低,健康人群普遍出现症状	所有人适当减少户外活动
>300	六级	严重污染	健康人群运动耐受力降低,有明显强烈症状,提前出现某些疾病	尽量不要留在室外

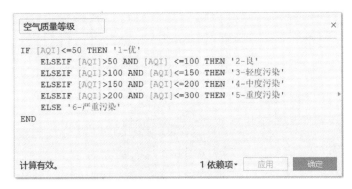

图 17-7　计算字段

③ 把维度中的"日期"字段拖拽到"页面"卡。单击该字段右侧的倒三角符号,在弹出窗口中选择"月"("××××年×月"的格式)。

④ 把维度中的"日期"字段拖拽至"筛选器"卡,操作如图 17-8 所示。

⑤ 单击筛选器卡 年月(日期) ▼ 右边的倒三角符号,在弹出窗口中选择"显示筛选器"。

⑥ 单击"标记"卡上"标记类型"下拉列表,从中选择"饼图"选项。

⑦ 将"空气质量等级"拖曳至"标记"卡的颜色上,并将视图改为适应"整个视图"。

⑧ 将"空气质量等级"拖曳至"标记"卡的角度上,并通过右键菜单选择"度量／计数"。

⑨ 将"空气质量等级"拖曳至"标记"卡的标签上,并通过右键菜单选择"度量／计数"。通过右键菜单选择"快速表计算／合计百分比"命令来计算百分比。结果如图 17-9 所示。

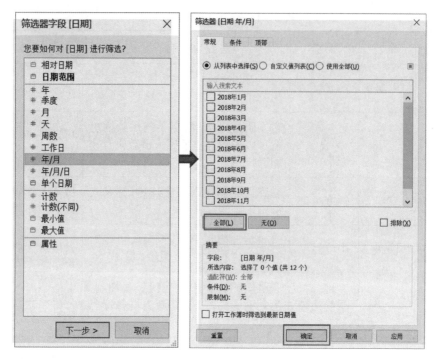

图 17-8　筛选器

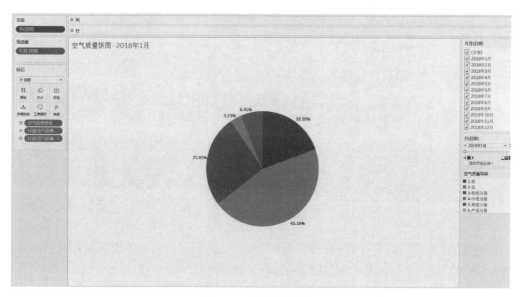

图 17-9　空气质量饼图

⑩ 修改颜色设置。单击"标记"卡的"颜色"／"编辑颜色",在弹出窗口中,按照图 17-10 进行颜色设置。编辑颜色后的饼图如图 17-11 所示。

单击向前播放按钮,体验一下图表的动态效果。

(3) 创建仪表板,实现联动效果。

创建如图 17-12 所示的仪表板,要实现在选定某个月的时候,能动态播放该月的 AQI 指数轨迹。

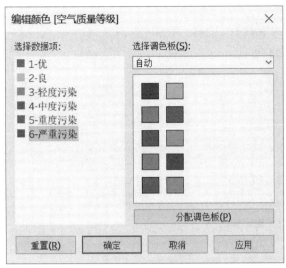

图 17-10　编辑颜色

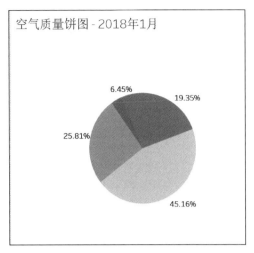

图 17-11　空气质量饼图

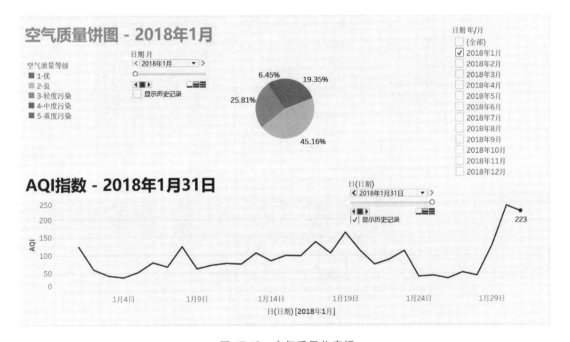

图 17-12　空气质量仪表板

① 新建仪表板,命名为"空气质量"。

② 将工作表"AQI 指数"和"空气质量饼图"依次拖曳至视图区,把所有图例和筛选器设为"浮动",调整布局,修改工作表标题的字体和颜色,如图 17-13 所示。

③ 选中"日期年／月"筛选器图例,右键,在弹出窗口中选择"应用于工作表"／"使用此数据源的所有项"。

完成的最终效果,如图 17-12 所示。修改所选择月份,观察 AQI 轨迹图的变化。

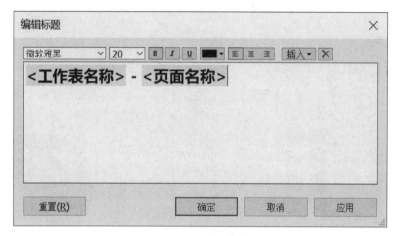

图 17-13　编辑标题

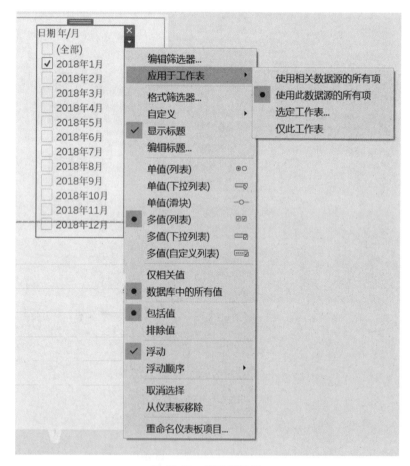

图 17-14　筛选器设置

2. 打开 Tableau Desktop,连接 Excel 数据源,打开"sy17-2-AQI-2015-2018. xlsx"文件。创建如图 17-15 所示的仪表板,保存为 sy17-2JG.twbx。

(1) 创建"AQI 轨迹图"工作表。如图 17-16 所示。

图 17-15　实验结果仪表板

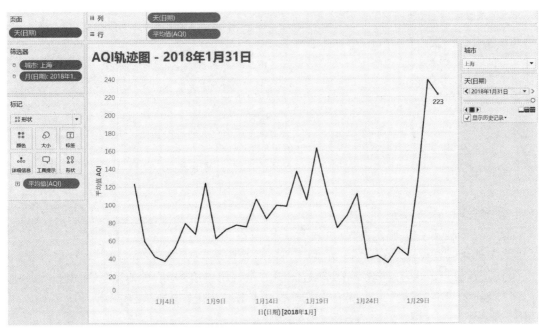

图 17-16　AQI 轨迹图工作表

操作提示:

可参考第1题完成本实验。

① 把度量中的"AQI"字段拖拽到"行"功能区时,右键选择"度量"|"平均值"。

② 把维度中的"城市"和"日期"分别拖拽到"筛选器"卡,并设置日期格式为"月"。并显示"城市"筛选器,设置筛选器为"单值(下拉列表)"。同时为了在仪表板中能实现数据的联动,分别把筛选器中的"城市"和"日期"设置为"应用于工作表"|"使用此数据源的所有项",如图17-17。(该设置操作一次即可,也可以在"空气质量饼图"工作表中设置)

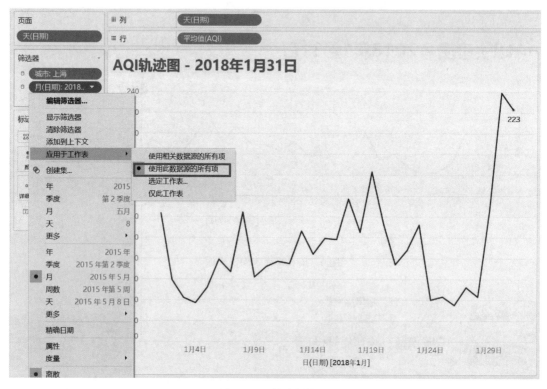

图 17-17　筛选器设置

(2) 创建"空气质量饼图"工作表。如图17-18所示。

操作提示:

可参考第1题完成本实验。

① 颜色的设置参照范例。

② 显示"月(日期)"筛选器,设置筛选器为"单值(下拉列表)"。

(3) 创建仪表板。如图17-19所示。

① 新建仪表板,将工作表"AQI轨迹图"和"空气质量饼图"依次拖曳至视图区,把所有图例和筛选器设为"浮动",并按照截图调整布局。截图中工作表标题所使用字体为"微软雅黑15号加粗",可根据喜好自由设置。

② 修改所选择城市和日期,并单击向前播放按钮,查看仪表板变化。

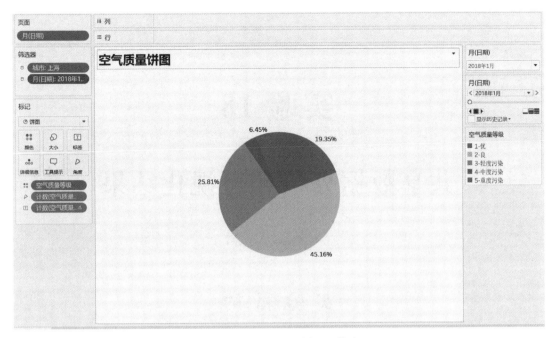

图 17-18　空气质量饼图工作表

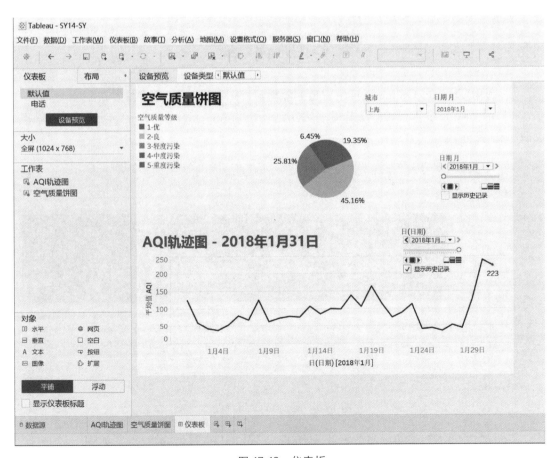

图 17-19　仪表板

实验 18

共享数据分析和可视化结果

实 验 目 的

掌握利用 Tableau Online 连接已有数据源构建视图和仪表板的方法，掌握利用 Tableau Online 和 Tableau Public 平台发布已有数据分析和可视化结果的方法。

实 验 内 容

1. 利用 Tableau Online 连接已有数据源构建视图和仪表板，并将其发布到站点。

（1）注册并登录 Tableau Online 网站(https:// online. tableau. com)，创建并激活站点，如图 18-1 所示。

图 18-1　Tableau Online 站点

（2）创建工作簿，连接已有数据源或者 Tableau Online 提供的数据源，如图 18-2 所示。

（3）构建视图和仪表板。

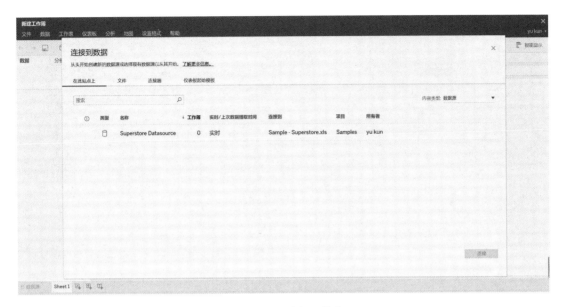

图 18-2　创建新工作簿

(4) 保存工作簿,如图 18-3 所示。

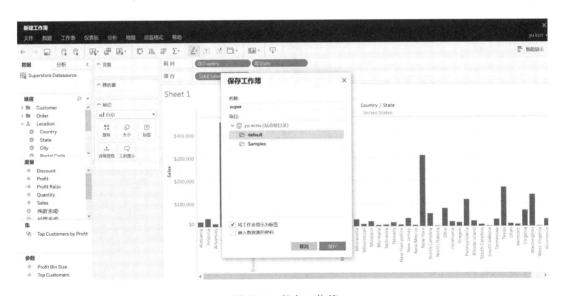

图 18-3　保存工作簿

(5) 通过添加用户,邀请他人开展协作,如图 18-4 所示。

操作提示:

(1) 根据数据源自由构建视图和仪表板。

(2) 可以自行建立群组协同工作。

2. 利用 Tableau Online 将已在 Tableau Desktop 中创建好的工作簿(如实验 17 中创建的结果)发布到站点,如图 18-5 所示。

图 18-4　添加用户

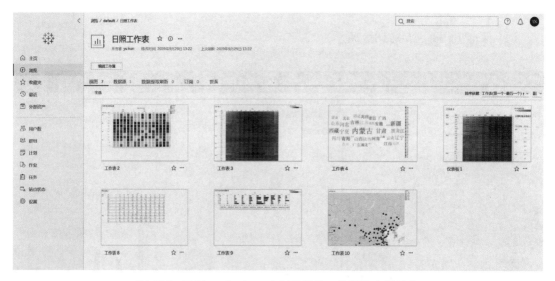

图 18-5　Tableau Desktop 中创建好的工作簿发布到站点

操作提示:

(1) 在 Tableau Desktop 中打开工作簿后,单击工具栏中的"与其他人共享工作簿"按钮,或者单击菜单栏"服务器",选择"发布工作簿"。弹出"通过 Tableau Server 或 Tableau Online 共享"对话框,在对话框中选择"快速连接"下的"Tableau Online"。出现登录对话框,输入登录信息,如图 18-6 所示。

(2) 登录成功后,在"发布工作簿"对话框中,选择要发布到的项目,如图 18-7 所示。

(3) 发布。

3. 利用 Tableau Public 将已在 Tableau Desktop 中创建好的工作簿将其发布到站点。

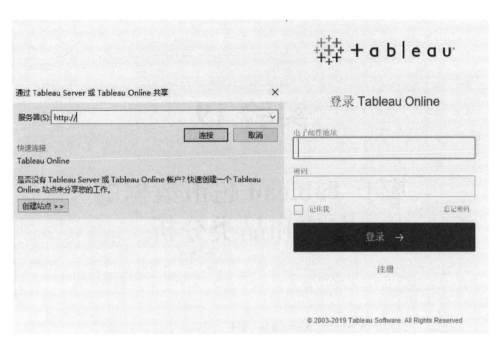

图 18-6　连接 Tableau Online

将工作簿发布到 Tableau Online　✕

项目(P)

默认值　　　　　　　　　　　　　　　　　　　　　　　　　▼

名称(N)

日照工作表　　　　　　　　　　　　　　　　　　　　　　　▼

说明

标签(T)
添加

工作表
全部 编辑

权限(M)
与项目相同(**默认值**) 编辑

数据源
1 嵌入工作簿中 编辑

更多选项
☐ 将工作表显示为标签(S)
☑ 显示选定内容(H)

发布

图 18-7　发布工作簿

实验 19

基于 Tableau 超市数据的
客户和品类分析

实 验 目 的

站在超市经营管理者的角度,通过使用超市数据制作一个涉及客户和品类的分析,从而加深对自己业务的理解并制定来年经营方案。

实 验 内 容

示例所用数据源为 Tableau 安装文件自带的"示例-超市"数据源。打开 Tableau 桌面版,连接到已保存的数据源"示例-超市"并导航到工作表 1。

1. 创建计算字段,最终结果保存为 sy19-1JG.twbx。

(1) 在 Tableau 中,在维度或度量组的空白处右击鼠标,选择"创建/计算字段"命令。在打开的计算编辑器中,执行以下操作:

① 输入计算字段的名称: 利润率-非聚合。

② 输入公式: [利润]/[销售额],如图 19-1 所示。完成后单击"确定"。

图 19-1 创建计算字段

(2) 在视图中使用计算字段。

① 从"维度"中,将"子类别"拖曳到"列"功能区。

② 从"度量"中,将"利润率"和"利润率-非聚合"拖曳到"行"功能区。

③ 在工具栏上单击 ⊤ 显示标记标签,以显示数字。视图更新为如图 19-2 所示。

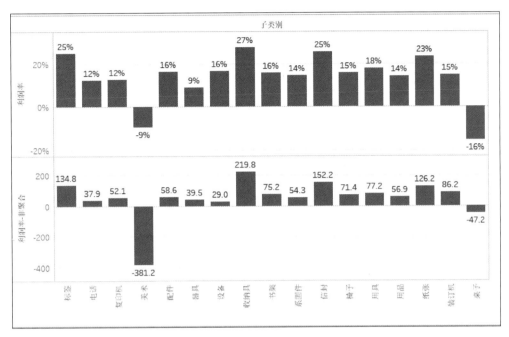

图 19-2　对比利润率

(3) 思考两个利润率计算结果为什么不同? 右击度量中的"利润率",选择"编辑",可以看到计算公式。将其重命名为"利润率-聚合",如图 19-3 所示。

图 19-3　查看聚合函数

(说明:第一个公式"利润率-非聚合"算出的结果是不正确的,因为利润率应该是小于1。这是由于第一个公式没有用 sum() 求和函数先进行聚合,导致计算时 Tableau 会对原数据每一行求出利润与销售额的比值,再进行视图的聚合,这里是"子类别"。也就是对每一个子类别将行级别算好的利润与销售额的比值进行求和,从而得到大于 1 的值。相反,第二个计算"利润率-聚合",由于公式中有聚合函数,这里是 sum() 求和函数,会依据视图选取的维度直接聚合,这里对每个子类别求利润和销售额的汇总,再相除,就得到图中的利润率了)

(4) 利润率 KPI 的创建。

在维度度量边条的空白处右击鼠标,执行"创建/参数"命令。在弹出的窗口中进行参数创建。命名为"利润率 KPI",类型选择"浮点",显示格式选择"百分比",允许的值选择"范围",当前值设置为"0"。勾选并设置范围最小值、最大值、步长分别键入"0"、"1"、"0.05"。如图 19-4 所示,单击"确定"按钮。

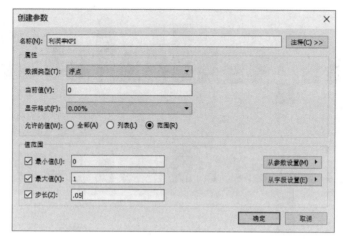

图 19-4　创建参数

(5) 创建计算字段实现和参数的联动。

创建计算字段"利润率达标?",公式如图 19-5 所示。

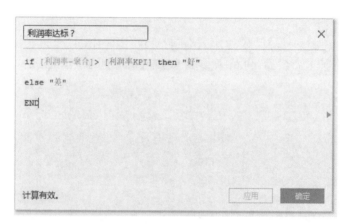

图 19-5　函数创建

(6) 利用创建好的参数构建"KPI 打分表"。

① 添加新建工作表,双击"维度"中的"子类别"和"地区",把"利润率达标?"拖入标记卡的"颜色"中,如图 19-6 所示。

② 将标记类型选为"形状",如图 19-7 所示。

③ 将计算字段"利润率达标?"放入"标记"卡"形状"中。单击"形状"匹配形状。在形状图形模板中使用"KPI"匹配"好"和"坏",如图 19-8 所示。

④ 单击"标记"卡的颜色,选择"编辑颜色"匹配"好"和"坏"的颜色,如图 19-9 所示。

⑤ 右击参数"利润率 KPI",选择"显示参数控件"。当拖动参数时,视图会随之改变。如图 19-10 所示。将文件另存为 sy19-1JG.twbx。

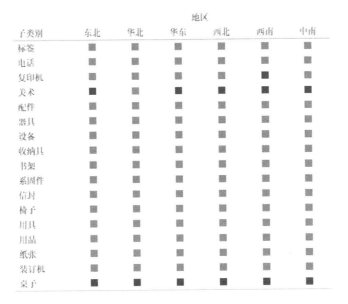

图 19-6　利润率达标视图

图 19-7　设置形状标记类型

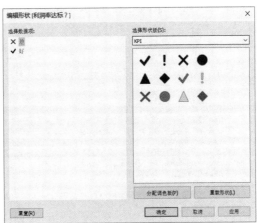

图 19-8　设置形状模板

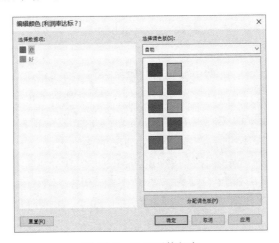

图 19-9　设置形状颜色

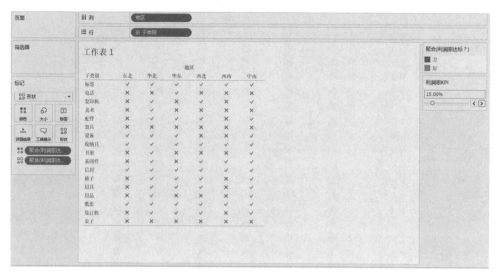

图 19-10　KPI 打分表

（**说明**：利用参数做成了动态表化的 KPI 打分表，当 KPI 随着设定改变时，可以看到达标产品类别和地区也随之改变。这种变化是实际业务中十分常见的，包括 what-if 分析也将用到参数）

2．创建快速表计算，计算产品销售占比。

（1）打开 sy19-1JG.twbx，在新建工作表中，将"销售额"拖到列上，子类别拖到行上，单击工具栏上的降序排序按钮 和显示标记标签按钮 ，结果如图 19-11 所示。

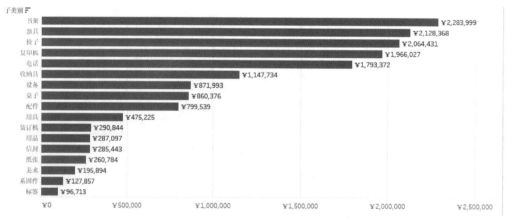

图 19-11　各产品类别销售额

汇总
差异
百分比差异
合计百分比
排序
百分位
移动平均
YTD 总计
复合增长率
年度同比增长
YTD 增长

图 19-12　创建快速
表计算

（2）右击列上的"总和(销售额)"，执行"快速表计算/合计百分比"命令(如图 19-12 所示)，即可得到每个子类别销售额占总体的比重。结果如图 19-13 所示。这里合计百分比是内置函数。

3．利用表计算找到销售额的历史新高点。

（1）新建工作表，双击"度量"里的"销售额"，"维度"里的"订单日期"，这时销售额会出现在"行"功能区，订单日期会出现在"列"功能区。右击"列"上的"订单日期"，选择第二个"月"，如图 19-14 所示。

（2）在度量区新建计算字段，命名为"历史新高?"，如图 19-15 所示。

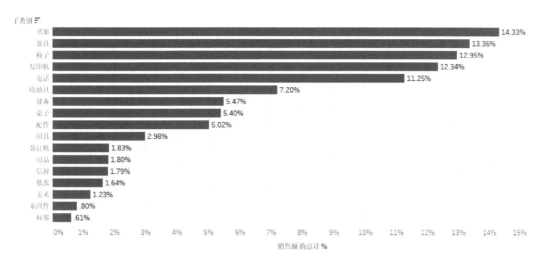

图 19-13　产品类别占比

图 19-14　选择时间显示级别　　　　图 19-15　历史新高的计算函数

（3）从"标记"下拉列表中选择"条形图"。

（4）将所创建的"历史新高？"拖入"标记"卡"颜色"中，这样就可以利用表计算函数找到销售额历史新高点。单击"标记"卡中的颜色，选择"编辑颜色"，可以自己匹配喜欢的颜色，结果如图 19-16 所示。将完成的结果保存为 sy19-3JG.twbx。

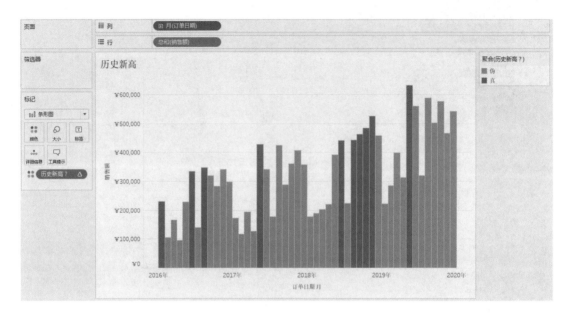

图 19-16　销售额历史新高视图

4. 利用详细级别表达式 LOD 进行平均每个客户销售额分析。

（1）设置可视化项。

① 打开 Tableau Desktop，连接到"示例-超市"已保存数据源，并导航到新工作表。

② 将维度区域中的"地区"拖到列功能区；将度量区域中的"销售额"拖到行功能区，出现一个显示各区域销售额总和的条形图，如图 19-17 所示。

（2）创建 LOD 表达式。

如果想查看各区域每个客户的平均销售额，而不是各区域所有销售额的总和，可以使用 LOD 表达式来达到此目的。

① 右击维度度量区域的空白处，执行"创建|计算字段"命令。

② 在打开的计算编辑器中，执行以下操作：将计算命名为"每个客户的销售额"，输入 LOD 表达式：{INCLUDE [客户名称]:SUM([销售额])}

③ 完成后，单击"确定"按钮。

（3）在可视化项中使用 LOD 表达式。

① 从度量区域中将"每个客户的销售额"拖到行功能区。

② 在行功能区上，右击"每个客户的销售额"，并选择"度量(求和)|平均值"。

现在，在同一视图里既可以看到所有销售额的总和，也可以看到各区域每个客户的平均销售额了。结果如图 19-18 所示。

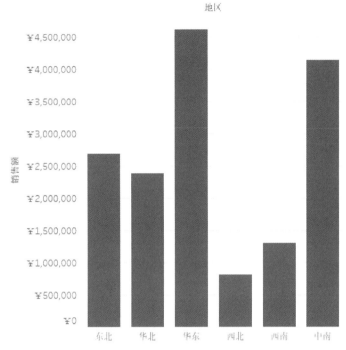

图 19-17　各地区销售额

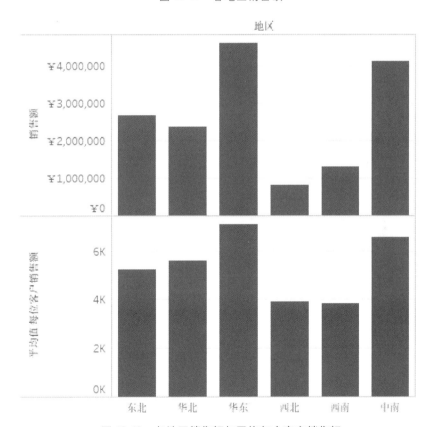

图 19-18　各地区销售额与平均每个客户销售额

5. 使用 FIXED 函数分析新、老客户对销售额的贡献情况。

（1）新建工作表，创建一个新的公式，找到每个客户首次购买时间，命名为"首次购买"，如图 19-19 所示。

图 19-19　客户首次购买时间

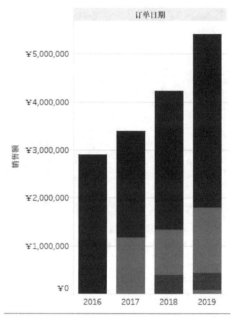

图 19-20　客户流失分析

（2）双击度量区域中的"销售额"和维度区域中的"订单日期"，"标记"选择为条形图，再把"首次购买"放到"标记"卡中的"颜色"里，即可得到客户流失分析。结果如图 19-20 所示。

（3）右击"总和(销售额)"，选择"快速表计算|合计百分比"，再次右击"总和(销售额)"，选择"计算依据|首次购买"，再显示标记标签，结果如图 19-21 所示。保存为 sy19-5JG.twbx。

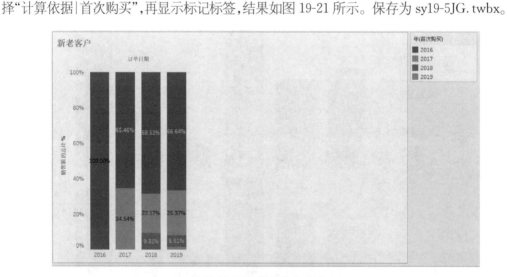

图 19-21　新老客户占比

（**说明**："计算依据"代表计算占比时的依据，这里是按照"首次购买"计算，未选中"订单日期"，所以对于同一"年(订单日期)"，"首次购买"代表的维度内部值相加总和为 100％）

至此，可以发现 2019 年的销售额有 66.64％由 2016 年老客户贡献，25.37％由 2017 年客户贡献，6.51％由 2018 年客户贡献，其余 1.48％由 2019 新增客户贡献。说明老客户维系比较好。（注：不同版本数据可能有差异，不影响分析）

6. 对示例-超市数据进行分析,了解近来前十大销售额的产品排名变化趋势,效果如图 19-22 所示。

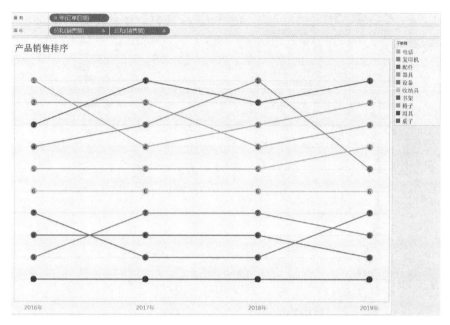

图 19-22　各类别销售额排名变化

7. 新建工作表,对客户进行分群,主要考虑的因素有销售额、利润和折扣,效果如图 19-23 所示。

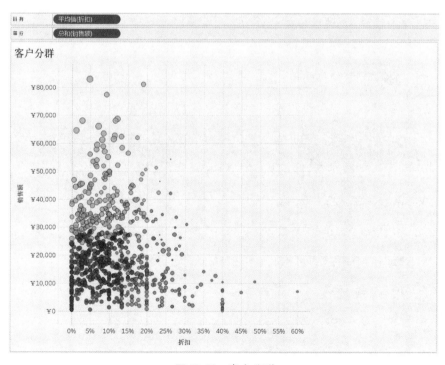

图 19-23　客户分群

8. 新建工作表,利用帕累托图研究一下超市的生意是由占比多少的大客户贡献了80％、70％的销售额,效果如图 19-24 所示。

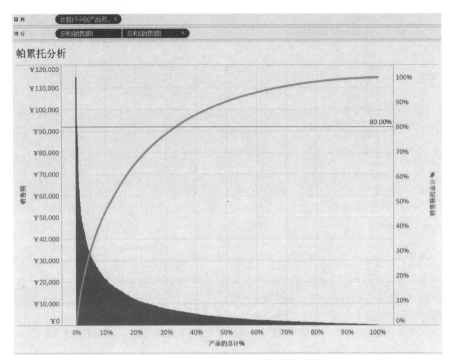

图 19-24　帕累托

9. 新建工作表,利用帕累托和客户回购二选一方法,分析客户平均多久再次回购,以及大家集中回购的时间频率,效果如图 19-25 所示。

首次购买	Null	0	1	2	3	4	5	6	7	8	9	10	1
2016 季1		3.94%	3.94%	4.72%	7.87%	9.45%	6.30%	3.94%	7.87%	7.09%	6.30%	3.15%	
2016 季2	.65%	5.16%	2.58%	5.81%	10.97%	6.45%	3.23%	9.03%	7.10%	3.87%	2.58%	3.23%	
2016 季3	.82%	4.92%	12.30%	10.66%	4.92%	6.56%	5.74%	8.20%	2.46%	7.38%	5.74%	3.28%	
2016 季4		5.00%	12.00%	8.00%	4.00%	2.00%	5.00%	8.00%	6.00%	1.00%	7.00%	4.00%	
2017 季1		1.85%	1.85%	14.81%	5.56%	7.41%	11.11%	1.85%	7.41%	9.26%	9.26%	1.85%	
2017 季2	1.47%	7.35%	8.82%	11.76%	1.47%	2.94%	4.41%	10.29%	8.82%	4.41%	5.88%	7.35%	
2017 季3			14.00%	14.00%	16.00%	6.00%	4.00%	2.00%	4.00%	6.00%	6.00%	6.00%	
2017 季4		9.38%	3.13%	12.50%	3.13%	6.25%	12.50%	3.13%	3.13%	3.13%	12.50%	3.13%	
2018 季1	7.69%			30.77%	7.69%	23.08%		7.69%		7.69%		7.69%	
2018 季2	5.88%	5.88%	23.53%	5.88%	5.88%	5.88%	17.65%	5.88%					
2018 季3		15.38%	7.69%	15.38%		7.69%	15.38%			7.69%	15.38%		
2018 季4	11.11%	22.22%	22.22%		22.22%				11.11%				
2019 季1	25.00%		25.00%	25.00%				25.00%					
2019 季2	20.00%		60.00%	20.00%									
2019 季3	100.00%												

图 19-25　客户回购频率

数据分析与大数据实践实验指导

行上放置客户首次购买的季度,列上放置了前两次购买时间差,按月计算。颜色代表同季度购买的客户数目占比。

(**说明:**可以看到 2016 年第 2 季度,有大量客户会在首次购买后第 3 个月二次购买)

10. 利用仪表板或者故事建立一些交互,完善发现,并保存为 sy19-6-10.twbx。

实验 20

基于 Tableau Prep 的数据清洗和合并

实 验 目 的

通过尝试使用 Tableau Prep 的桌面清洗工具 Prep Builder(简称 Prep),了解数据分析开始前的准备工作是如何进行的。

实 验 内 容

1. 熟悉 Prep 初始界面与数据预处理。

(1) 打开桌面的 Prep Builder,跳过注册页之后,单击"连接到数据"绿色按钮,或"连接"旁边的加号,如图 20-1 所示,选择"文本文件"后,连接到配套资源中的"2015 年.csv",得到如图 20-2 的数据导入界面。

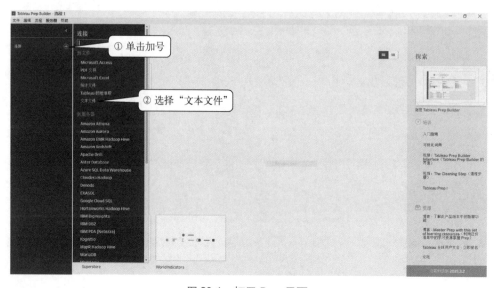

图 20-1　打开 Prep 界面

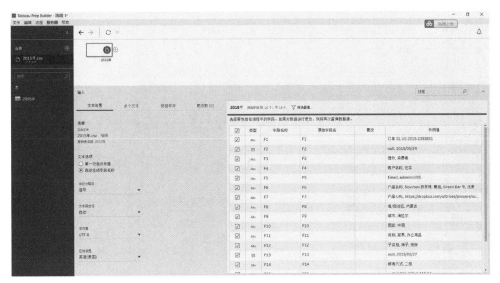

图 20-2　数据源导入界面

（2）勾选"文本设置"选项卡里的文本选项"第一行包含标题"，人为设定数据标题，结果如图 20-3 所示。

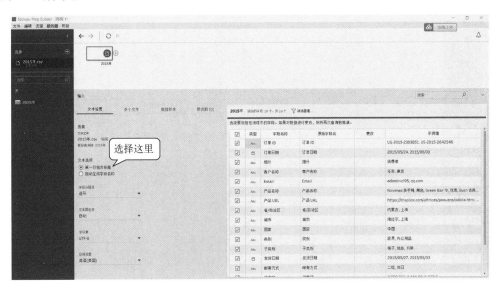

图 20-3　加入行标题

这时会发现字段名称被提取出来。在这个界面可以预览每个字段的一些示例值，方便用户对命名不友好或是错误的字段进行重命名。

（3）跳到第二个界面"多个文件"，选择"通配符并集"对第一个文件所在文件夹中的 csv 文件进行并集合并。这里，Prep 已经检索出了当前文件夹下的 csv 文件，共有三个，如图 20-4 所示："2015 年"、"2016 年"、"2018 年"，单击"应用"，即可合并三个文件。

（4）选择"数据样本"选项卡，在这个界面中，可以通过数据抽样来提高清洗性能，这符合清洗数据的一般思路，对样本数据清洗，在导出数据时将规则应用于全量数据，如图 20-5 所示，但有可能会由于抽样过少导致异常值缺失，需要考虑合适的方式与数量。

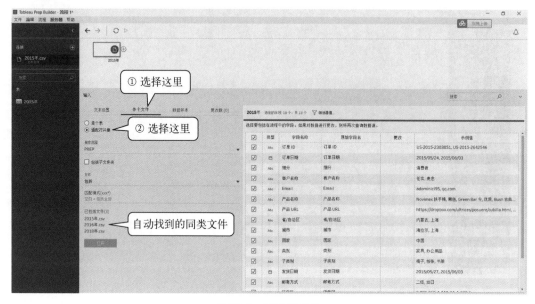

图 20-4　通配符并集

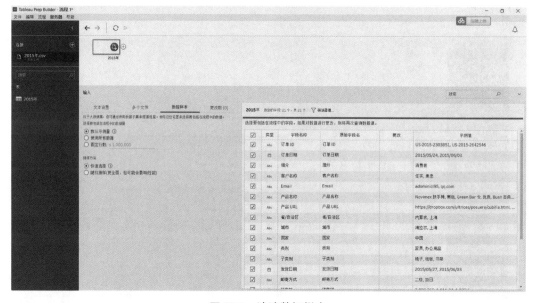

图 20-5　清洗数据样本

图 20-6　Prep 添加清洗步骤

2. 数据清洗。

（1）在以上处理的基础上，单击数据集"2015 年"旁边的加号，选择"添加步骤"，如图 20-6 所示，结果如图 20-7 所示。

此时界面被分为三部分："流程"窗格记录了清洗数据的各步骤；中间是每一个字段的值或聚合值，条形图的长度代表每个值或聚合的行数；最下面是行级别的明细数据。

（2）单击中间窗格的任一聚合的条形图，即可映射到其他字段以及筛选最下面窗格的明细数据，如图 20-8 所示。

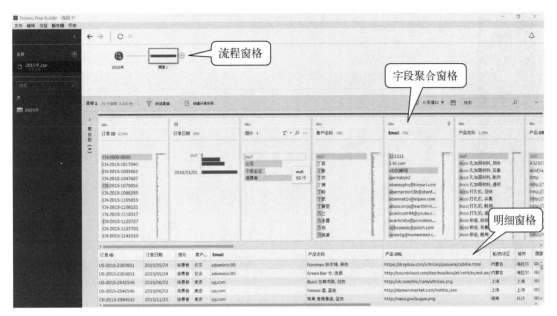

图 20-7　Prep 清洗界面

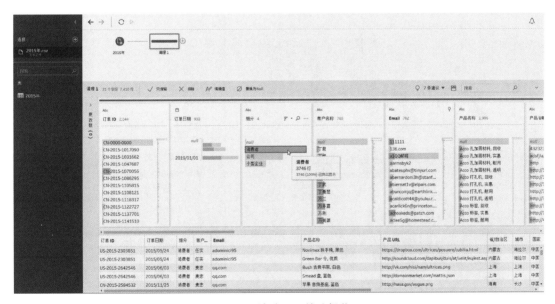

图 20-8　清洗界面筛选操作

　　比如对字段"细分"进行排序后,单击客户细分中最多的"消费者",则蓝色高亮会显示所有属于消费者的数据,下面明细窗格会显示所有消费者类客户的明细数据。

　　在这种字段聚合型的窗格中很方便地可以找到异常数据或是脏数据,单击如图 20-9 的建议下拉列表,可以看到 Prep 所提供的若干条清理建议。

　　(3) 选择第一条"[Email]将数据角色更改为 电子邮件",显示如图 20-10 所示,单击"应用"应用该条建议,则所有不符合电子邮件格式的数据就被感叹号标记出来,如图 20-11 所示。

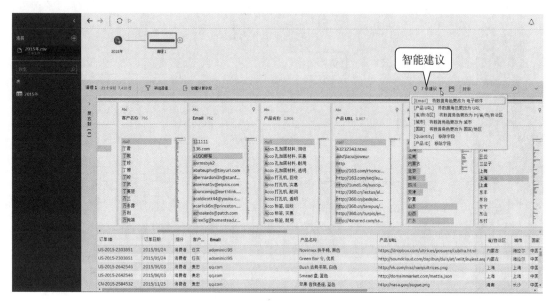

图 20-9　智能建议

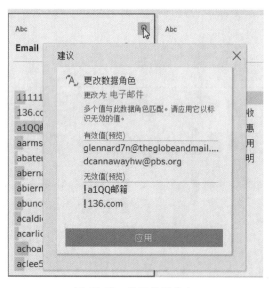

图 20-10　设置数据角色

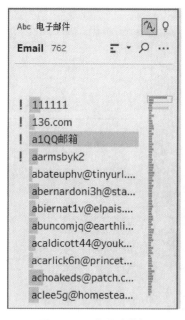

图 20-11　发现脏数据

（4）从建议中进一步选择是要筛选数据还是替换数据为 null 值。这里选择替换为 null值，如图 20-12 所示。

（说明：其他属于数据角色的还有 URL 和地理角色等，也可自己导入规范的字段来清理不规范字段）

（5）对"产品 URL"进行同样的角色设置以及替换 null 值。展开左侧可以看到目前所作的更改都被记录下来，如图 20-13 所示。

（6）对"省／自治区"进行地理角色设定，发现两个无效值，如图 20-14 所示。

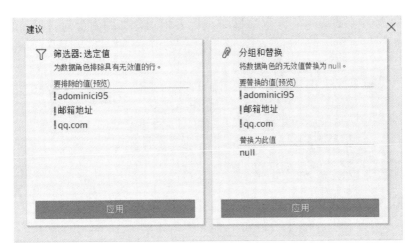

图 20-12　对脏数据进行筛选或替换

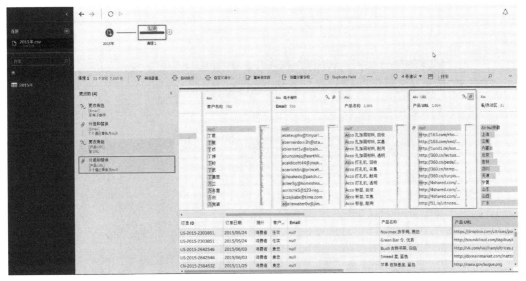

图 20-13　记录清洗步骤

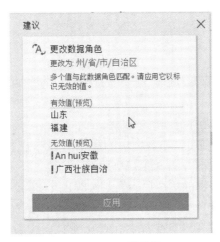

图 20-14　无效数据

应用建议改为"广西壮族自治区",即可把代表相同含义的值合为一组。如图 20-15 和图 20-16 所示。

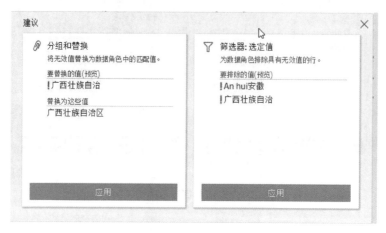

图 20-15 应用智能建议

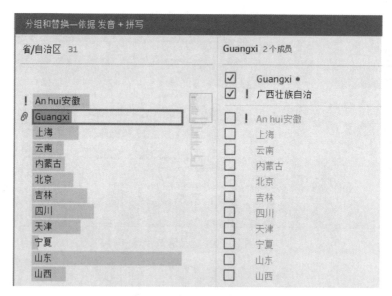

图 20-16 查看合并分组结果

(7) 右击标感叹号的脏数据,选择"编辑值",图 20-17 所示,将其命名为正确的"安徽"后按回车即可。

(8) 对"城市"和"国家"进行地理角色设定。

(9) 选择"移除字段"的建议,对于无用的数据可以右击移除。Prep 会自动生成字段"File Paths"提示所进行的数据并集,如图 20-18 所示。

(10) 完成了对三年的数据的清洗后,可以把 2017 年的 Excel 文件连入。连入数据后,产生 3 条智能建议,同以上步骤,先按照 3 条建议完成初步清洗,清洗步骤如图 20-19 所示。

(11) 再观察数据,发现字段"邮寄方式"中包含的"第一级"和"一级"属于同一含义,如图 20-20 所示。选择对该字段"分组和替换|手动选择",如图 20-21 所示。

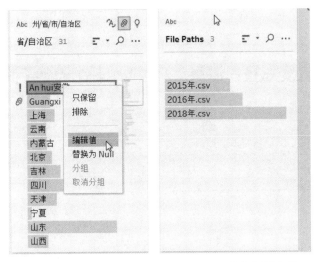

图 20-17　编辑值　　　　　　图 20-18　并集新增字段

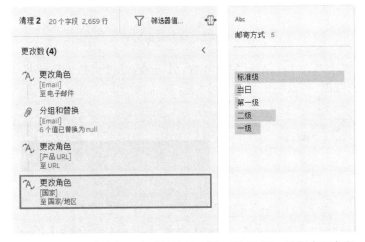

图 20-19　智能建议提示完成的清洗步骤　图 20-20　重复含义字段

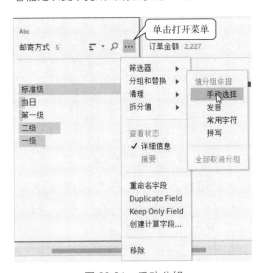

图 20-21　手动分组

（12）单击左边的"一级"，在右边勾选"一级"和"第一级"即可将二者分为一组，如图20-22所示。

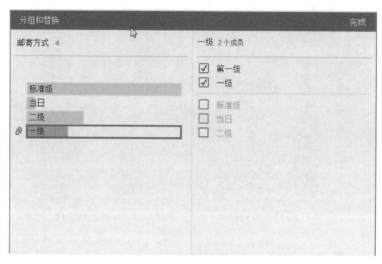

图20-22　查看分组结果

（13）继续查看其他字段，发现"Quantity"有负值，这是不合理的。单击该负值，发现这是一条1977年的数据，可以右击负值排除该数据，如图20-23所示。

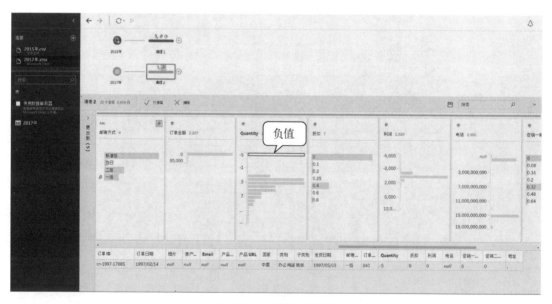

图20-23　排除脏数据

（14）最后发现，"地址"是城市和省份的连接，可以进行数据拆分。选择"拆分值/自动拆分"，如图20-24所示。完成的拆分字段会出现在所有字段最前面，对字段重命名为"城市"、"省/自治区"，如图20-25所示。

（15）对"城市"和"省/自治区"进行地理角色设定，然后清洗脏数据。最后，移除"地址"字段就完成了对2017年数据的清洗。

图 20-24　自动拆分

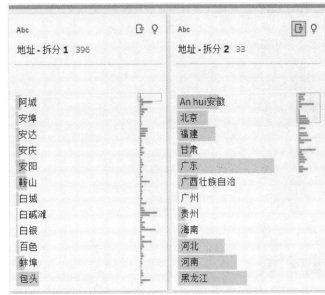

图 20-25　重命名拆分字段

3. 数据并集

(1) 拖动流程窗格的步骤"清理 2"到"清理 1"上方,会出现"关联"和"并集"两个选择,将其放入"并集"中,勾选"仅显示不匹配字段",代表"2017 年"数据的黄色模块的"订单金额"和蓝色模块清理 1 的"销售额"是同一含义,如图 20-26 所示。

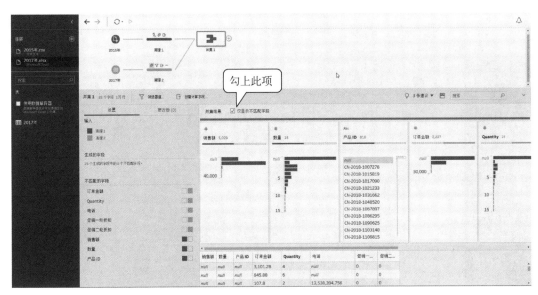

图 20-26　查看并集后不匹配字段

(2) 到字段中拖动"订单金额"到"销售额"上面即出现提示"拖动以合并字段",然后松开鼠标即可完成字段合并。对"数量"与"Quantity"进行相同合并操作。

（3）右击移除字段"Table Names"，就完成了对四年数据的清洗，如图 20-27 所示。

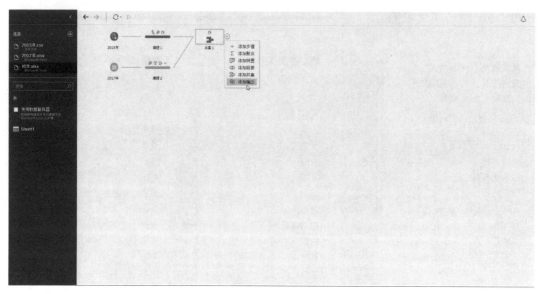

图 20-27　添加输出结果

（4）单击"并集 1"旁边的加号，再单击"添加输出"，对输出重命名为"2015—2018 销售数据"。这样就完成了对不同年份导出的不同来源的销售数据的清洗。

4. 数据转置与数据聚合

完成清洗之后，可以帮助财务部门准备一份数据。

（1）连接到财务系统导出的"成本"数据到 Prep 中，并在上窗格的对应图标上单击加号添加步骤。在清洗界面发现，该数据只有一行按照各大产品类别汇总的成本数据，如图 20-28 所示，需要先对数据进行转置。

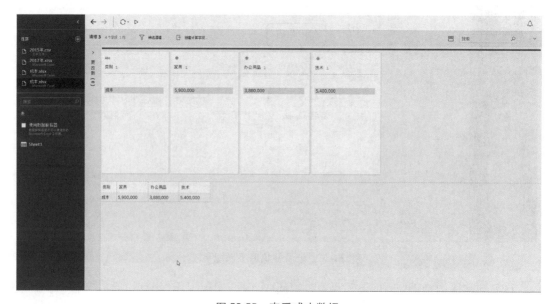

图 20-28　查看成本数据

（2）单击加号,选择"添加转置",可以进行"行转列"或是"列转行",这里属于列转行,如图 20-29 所示。

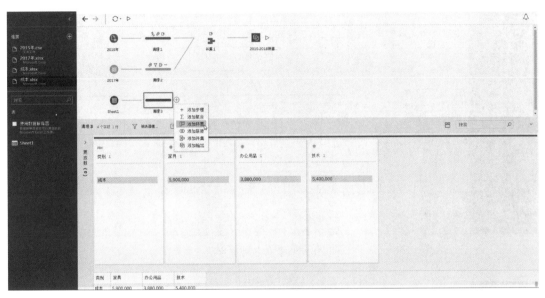

图 20-29 添加转置

（3）按住〈Ctrl〉键（Mac 为〈command〉键）,选中左边窗格中的"办公用品","家具"和"技术",拖到中间"转置的字段"处,结果图 20-30 所示。

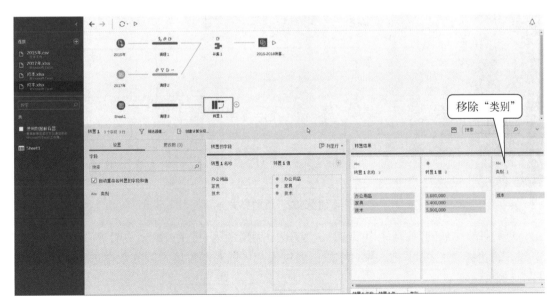

图 20-30 转置数据

（4）右击右侧字段列表中的"类别"移除,重命名"转置 1 名称"为"类别","转置 1 值"为"成本",如图 20-31 所示。

（5）在"并集 1"处单击加号,选择"添加分支",如图 20-32 所示。

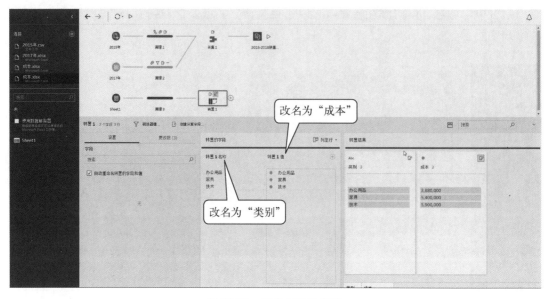

图 20-31　重命名转置字段

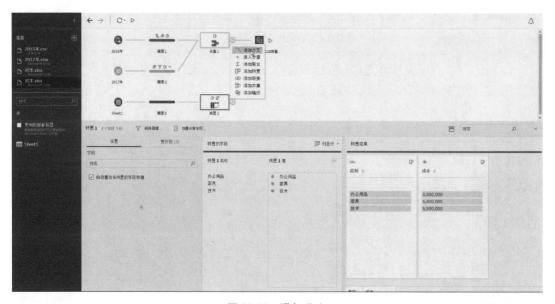

图 20-32　添加分支

　　(6) 对新生成的"清理 4"单击加号,选择"添加聚合"。将左边窗格中的"类别"拖入分组字段,"销售额"和"利润"拖入聚合字段。通过聚合可以对颗粒度不同的数据进行表连接,如图 20-33 所示。

　　提示:可以通过左边窗格中的"搜索"功能查找需要拖曳的内容。

　　(7) 拖动聚合结果"聚合 1"到"转置 1",将其和转置结果合为"联接 1",如图 20-34 所示。

5. 数据联接与数据导出

　　Prep 可以对连接是否成功进行查看,同时可以看到未连接成功字段(标红)。此例为数据清洗结果"聚合 1"的"null"(如图 20-34 中所示)。可以在"已应用联接子句"处更改或是添

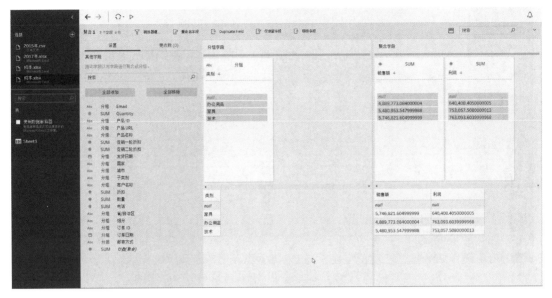

图 20-33　转聚合数据

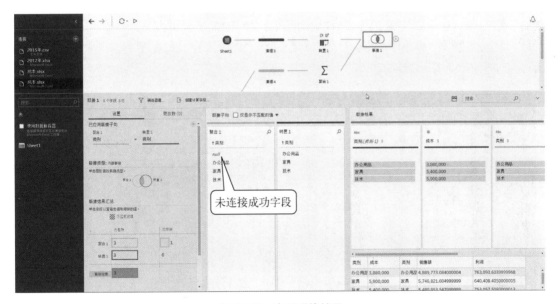

图 20-34　查看联接结果

加联接字段,并且可以在"联接类型"处设定连接方式为内连接或是左连接、完全外部连接、不匹配连接等等,适用于不同场景。可以在"联接结果汇总"处观察到每个数据源连接成功的行数,每个数据源排除的行数以及最终联接结果行数。

(1) 除了聚合的销售数据中的 null 值以外,其他三行数据都完成了连接。对"联接 1"添加输出,并重命名为"财务数据"。

(说明:可以在任意一个步骤选择在 Desktop 中预览数据,自如在 Prep 和 Desktop 中切换,从而查看、验证或是分析数据,如图 20-35 所示)

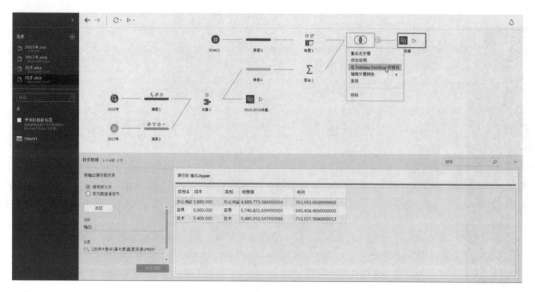

图 20-35　在桌面预览数据

对输出结果可以选择保存为本地的 Tableau 数据提取文件或是 csv 文件,也可以直接作为数据源发布到公司或是组织内部的服务器,作为定期更新的流程运行,从而获得最新的清理后的数据源。这里要注意,无论哪种导出结果,得到的都是全量数据。

(2) 执行"文件"菜单中的"导出打包流程"命令,将清洗完成的结果保存为打包 Tableau 流程文件 sy20JG.tflx,如图 20-36 所示。

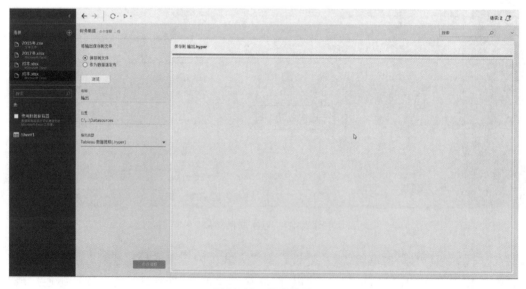

图 20-36　导出结果

以上实验完成了一次数据清洗,其中涉及一些常见的清洗技术,如合并值、排除异常值、修改字段名称、行列转置等,同时还涵盖了数据并集、表连接等常见的多个数据合并方法,可合并不同来源的数据源并整理数据,读者也可以用自己的数据尝试完成清洗和合并。